信息科学技术学术著作丛书

主动相机运动分割
与目标跟踪理论

崔智高　李艾华　王　涛　苏延召　著

科学出版社

北　京

内 容 简 介

主动相机智能监控是当前智能视频监控的主要发展趋势。本书紧紧围绕主动相机智能监控的两大核心技术——运动分割与目标跟踪展开讨论，包括主动相机智能监控、主动相机的运动目标分割技术、主动相机的运动目标跟踪技术，以及主动相机监控系统设计和应用，同时介绍相关方法的研究背景、理论基础和算法描述，并给出相应的实验结果。

本书可作为大专院校及科研院所模式识别、图像处理和机器视觉等领域的高年级本科生、研究生的教材，也可作为相关领域教师、科研人员，以及安防和视频监控行业工程技术人员的参考书。

图书在版编目(CIP)数据

主动相机运动分割与目标跟踪理论/崔智高等著. —北京:科学出版社，2018.4

（信息科学技术学术著作丛书）

ISBN 978-7-03-056688-1

Ⅰ.①主… Ⅱ.①崔… Ⅲ.①目标跟踪 Ⅳ.①TN953

中国版本图书馆 CIP 数据核字(2018)第 042032 号

责任编辑:魏英杰 / 责任校对:桂伟利
责任印制:张　伟 / 封面设计:陈　敬

科学出版社 出版

北京东黄城根北街 16 号
邮政编码:100717
http://www.sciencep.com

北京中石油彩色印刷有限责任公司 印刷
科学出版社发行　各地新华书店经销

＊

2018 年 4 月第 一 版　开本:B5 (720×1000)
2018 年 4 月第一次印刷　印张:10 1/4
字数:205 000

定价:**90.00 元**
(如有印装质量问题,我社负责调换)

《信息科学技术学术著作丛书》序

21 世纪是信息科学技术发生深刻变革的时代，一场以网络科学、高性能计算和仿真、智能科学、计算思维为特征的信息科学革命正在兴起。信息科学技术正在逐步融入各个应用领域，并与生物、纳米、认知等交织在一起，悄然改变着我们的生活方式。信息科学技术已经成为人类社会进步过程中发展最快、交叉渗透性最强、应用面最广的关键技术。

如何进一步推动我国信息科学技术的研究与发展；如何将信息技术发展的新理论、新方法与研究成果转化为社会发展的新动力；如何抓住信息技术深刻发展变革的机遇，提升我国自主创新和可持续发展的能力？这些问题的解答都离不开我国科技工作者和工程技术人员的求索和艰辛付出。为这些科技工作者和工程技术人员提供一个良好的出版环境和平台，将这些科技成就迅速转化为智力成果，将对我国信息科学技术的发展起到重要的推动作用。

《信息科学技术学术著作丛书》是科学出版社在广泛征求专家意见的基础上，经过长期考察、反复论证之后组织出版的。这套丛书旨在传播网络科学和未来网络技术，微电子、光电子和量子信息技术、超级计算机、软件和信息存储技术，数据知识化和基于知识处理的未来信息服务业，低成本信息化和用信息技术提升传统产业，智能与认知科学、生物信息学、社会信息学等前沿交叉科学，信息科学基础理论，信息安全等几个未来信息科学技术重点发展领域的优秀科研成果。丛书力争起点高、内容新、导向性强，具有一定的原创性；体现出科学出版社"高层次、高质量、高水平"的特色和"严肃、严密、严格"的优良作风。

希望这套丛书的出版，能为我国信息科学技术的发展、创新和突破带来一些启迪和帮助。同时，欢迎广大读者提出好的建议，以促进和完善丛书的出版工作。

中国工程院院士

原中国科学院计算技术研究所所长

前　　言

随着世界范围内安全意识的不断提高,智能视频监控的研究在军用、民用领域都得到了普遍的重视,因此对智能视频监控的研究具有非常重要的意义。智能视频监控是指以监控摄像机作为前端采集设备,利用计算机视觉的相关技术,对采集的视频序列进行智能分析,从而辅助管理人员获取监控场景中的有用信息,并根据具体需要发出预警信号或实施相关决策。

在智能视频监控的相关研究中,基于单目静止相机的研究已经非常深入,并且广泛应用到很多场合。然而,由于实际监控场景的多样性和复杂性,人们对智能视频监控技术往往有着更高的要求,如场景的多视角监控、目标的多尺度信息等,传统的单目静止相机由于其固有的局限性已经无法满足此类需求。目前,采用主动相机是智能视频监控的主要发展趋势,特别是随着相机制作工艺的完善、机械控制精度的提高,以及生产成本的降低,主动相机的逐渐普及已经成为必然。

本书针对主动相机智能监控的关键技术展开讨论,并重点研究了主动相机智能监控的两大核心技术——运动分割与目标跟踪。全书共7章,从内容看可以分为三个部分。第1章绪论,介绍主动相机智能监控的优势和研究现状;第一部分为主动相机的运动目标分割技术,分别介绍基于多组低秩约束的主动相机运动分割算法(第2章)和基于光流场分析的主动相机运动分割算法(第3章);第二部分为主动相机的运动目标跟踪技术,分别介绍基于地平面约束的静止相机与主动相机目标跟踪算法(第4章)、基于球面坐标和共面约束的双目主动相机目标跟踪算法(第5章),以及基于特征库构造和分层匹配的主动相机参数自修正算法(第6章);第三部分主要介绍基于主动相机的智能监控系统设计及应用(第7章)。

　　本书由崔智高拟订大纲,撰写第 2～5 章,并对全书进行统稿,由李艾华撰写第 1 章,苏延召和王涛撰写第 6、7 章。在著述过程中得到了火箭军工程大学校机关、机电教研室的支持和帮助,在此一并表示感谢。另外,感谢研究组的徐斌、姚良、李辉、蔡艳平、金广智、李庆辉、马鹏程、袁梦、鲍振强等同事和同学,为本书提供了很多有价值的素材,并协助完成了纷繁的工作。

　　主动相机运动分割和目标跟踪是尚在发展中的新技术,限于作者水平,书中不妥之处在所难免,敬请读者指正。

作　者

2017 年 12 月于西安

目　　录

第1章 绪 论

1.1 智能视频监控技术

人类可以利用双眼获取周围场景中的不同颜色和光照,并通过视觉感知系统整合这些信息,同时实现区分物体深度、描述物体特征,以及识别不同物体等智能行为。针对人类对周围物体的这种智能感知能力,许多生理科学、神经科学和认知科学的研究者进行了深入的探索。目前的研究普遍认为,人类的视觉感知能力主要包含三个层次[1],即神经响应能力、底层视觉能力和中高层感知能力。神经响应能力主要包括颜色区分能力、光照辨别能力等;底层视觉能力包含深度区分能力、运动感知能力、空间敏锐力等;中高层感知能力主要用于提取物体特征、识别不同物体,以及获取语义信息等。

为了使计算机能够模拟人类的上述视觉感知功能,以辅助或代替人类完成一些视觉相关的任务,逐渐形成了计算机视觉这门新兴的学科[2]。一般认为,计算机视觉起源于 20 世纪 70 年代早期,虽然当时已经存在数字图像处理这个相似的领域,但当时的计算机视觉更关注场景三维结构的恢复,进而实现场景理解的目的,因此早期开展了很多立体视觉、三维结构,以及多视图几何的经典工作。进入 20 世纪 80 年代,更多的研究工作关注视觉分析的复杂数学方法,即将计算机视觉的相关问题纳入数学框架中进行描述,从而可以借助更多的数学工具解决复杂的视觉问题。20 世纪 90 年代以后,计算机视觉的诸多子方向仍然在广泛研究中,但是其中一些问题明显更加活跃,如图像分割、目标跟踪、光流计算等,同时机器学习方法开始逐渐流行,并成功地应用于人脸识别的主分量本征脸分析[3]。进入 21 世纪,计算机视觉与其他领域的相互影响和交叉融合进一步加深,特别是复杂的机器学习方法在计算机视觉问题中的应用,主导着计算机视觉中很多问题的研究,如物体识别、物体分割、场景理解等。

经过几十年的不断发展,时至今日,计算机视觉已经成为计算机科学领域最热门的研究方向之一,然而由于计算机视觉涉及信号处理、应用数学、统计学、物理学、计算机科学和认知科学等多个领域,而且其信息来源具有复杂性、多样性和欠定性等特征,因此计算机视觉也被认为是计算机科学领域最具有挑战性的研究方向之一[4]。

根据信息载体的不同,对计算机视觉的研究可以分为针对静止图片的研究和针对视频序列的研究。针对静止图片的研究更为基本,并且静止图片的采集设备也更为普及,因此目前针对静止图片的研究已经非常广泛。随着视频采集设备的普及,视频源越来越多,针对视频序列的研究也越来越受到重视[5,6]。相对于静止图片,视频序列由于多了一个时间维度,因此蕴含更多的信息,并且随着视频采集设备的成本越来越低,采集质量越来越高,更多的实际系统采用记录视频序列而非静止图片的方式进行,因此开展针对视频序列的研究具有重要意义。

智能视频监控(intelligent video surveillance, IVS)[7-9]就是其中的一个重要应用方向。智能视频监控是指以监控摄像机作为前端采集设备,利用计算机视觉的相关技术,对采集的视频序列进行智能分析,如图像预处理、运动目标的分割与跟踪、目标的分类与识别、行为分析和异常检测等,从而辅助管理人员获取监控场景中的有用信息,并根据具体需要发出预警信号或实施相关决策。图 1.1 给出了智能视频监控的典型结构框架。

随着世界范围内安全形势的日益严峻、人类公共安全意识的不断提高,以及军事安全的迫切需要,智能视频监控技术已经渗透到人类日常生活的各个方面。例如,在民用方面,针对银行、广场、停车场等重点场所的监控,可以防止盗窃、暴力、破坏等危害公共安全和公共财产的事件发生,从而保证人民群众的人身安全和财产安全;在军用方面,针对导弹阵地、关键出入口、重点涉密场所的监控,可以防止摧毁、入侵、窃密等危害军事安全的行为发生,从而保证重点军事设施不受损害,保障作战任务的顺利执行。

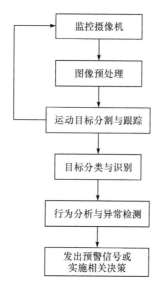

图 1.1 智能视频监控的典型结构框架

同时,智能视频监控也逐渐受到学者的普遍重视,并成为计算机视觉领域的研究热点之一。国内外许多重要期刊,如 SPM(*IEEE Transactions on Signal Processing Magazine*)、IJCV(*International Journal of Computer Vision*)、TPAMI(*IEEE Transactions on Pattern Analysis and Machine Intelligence*)、CVIU(*Computer Vision and Image Understanding*)、MVA(*Machine Vision and Application*)、IVC(*Image and Vision Computing*)、计算机学报、自动化学报等都针对智能视频监控设立了专栏或者是专刊,同时一些有较大影响力的国际计算机视觉会议,如 ICCV(International Conference on Computer Vision)、ECCV(European Conference on Computer Vision)、CVPR(Computer Vision and Pattern Recognition)、ACCV(Asian Conference on Computer Vision)等都将视频监控纳入议题,有的还为此组织了专题研讨。

综上所述,智能视频监控技术具有重要的研究意义和实用价值,并受到工业界和学术界的广泛重视,因此有必要进一步开展智能视频监控技术的相关研究。

1.2　主动相机智能监控

本书主要针对智能视频监控中的主动相机监控技术。所谓主动相机,指的是一种可以改变水平转动(pan)、垂直转动(tilt)和焦距大小(zoom)的摄像机,也称为 PTZ 镜头。本节首先介绍主动相机智能监控的仿生学基础——主动视觉;然后比较智能监控中使用最多的三种相机,并分析主动相机的优势;最后阐述智能视频监控发展的主要趋势。

1.2.1　主动视觉

源于利用计算机视觉技术模拟人类视觉特性的初衷,研究者逐渐从仿生学的角度研究智能视频监控技术。现有研究发现,人类视觉最显著的特点是具有视觉关注性,即观察者的注意力总是有目的地指向他感兴趣的运动目标,而忽略其他事物,这是人类视觉主动性的一种体现[10]。也就是说,人类通过图像的主动采集和视觉的关注特性,为感知系统提供目标的多视角和多尺度信息,从而辅助感知系统利用已有知识对目标进行分析和识别,该视觉特性一般称为主动视觉[11,12]。

一般认为,主动视觉是一种智能的图像采集方式,它根据系统的最终任务、已采集图像数据的分析结果及其误差来动态控制图像的采集过程。这与人眼的转动机制是一致的,即人类一般是有目的地对场景进行观察,当场景提供的信息无法满足要求时,人眼会转动一定的角度,聚焦直至获得目标清晰的图像。从数学的角度,图像采集的主动性能够简化视觉模型的推导,并使很多传统视觉中欠定的问题变得适定,或使传统视觉中的非线性问题线性化[11,12]。正因为如此,主动视觉逐渐受到智能监控学术界和工业界的重视[13]。

1.2.2　三种常用相机

监控摄像机是智能视频监控的重要组成部分,目前主要采用的监控摄像机包括静止相机、全向相机和主动相机三种。图1.2和表1.1分别给出了三种摄像机的示意图及其优缺点对比。

| (a) 静止相机 | (b) 全向相机 | (c) 主动相机 |

图 1.2　三种常用的监控摄像机

表 1.1　三种常用监控摄像机的优缺点对比

摄像机类型	优点	缺点
静止相机	价格低廉;图像畸变小; 研究相对深入和广泛	视角固定;分辨率单一
全向相机	监控视场大;监控范围广	图像分辨率低;图像畸变程度大; 标定过程复杂
主动相机	视角、分辨率可变;使用灵活; 图像畸变程度小	成本较高;不同厂家的机型 属性差异大

静止相机的价格相对低廉,图像畸变也较小,而且多数视觉分析算法都是针对静止相机采集的视频序列,研究相对深入和广泛,但是静止相机的视角无法改变,而且获得的图像分辨率一般也固定。

在全向相机中,目前使用较多的包括鱼眼相机和折反射式相机,前者实际上是一种短焦距超广角相机,后者则一般由一个传统的电荷耦合器件(charge coupled device,CCD)视觉传感器和一组反光镜片装置构成[14]。本质上,全向相机仍然属于静止相机,但它可以观察到的视场比静止相机大很多,因此在大场景监控及机器人视觉中已经越来越多地被采用。然而,全向相机仍然具有不可忽视的缺陷,主要表现在图像分辨率低,并且图像畸变程度较大。此外,标定精度容易受图像分辨率限制,标定过程也相对复杂,特别是在标定精度要求较高的场合。

得益于主动视觉研究的深入,以及成像和机械控制技术的发展,主动相机越来越多的应用于智能监控领域,并且逐渐取代传统的静止相机和全向相机[15]。主动相机可看做一个内外参数均可变化的静止相机,这些参数包括水平转动、竖直转动,以及焦距变化,通过调整这些控制参数,主动相机不但可以改变焦距,从而获得同一目标或区域的不同分辨率信息,而且可以改变监控视角,从而获得场景中不同目标或区域的监控信息。主动相机的主要缺点包括成本相对较高,特别是控制精度很高的机型;不同厂家的相机属性差异较大,具体表现在相机自由度、控制方式、相机动作范围,以及参数控制精度等。

随着计算机视觉技术的发展,智能视频监控技术已经取得长足的进步,然而目前的绝大多数智能视频监控研究都是基于静止相机,全向相机由于图像畸变严重,研究也相对较少。本质上,静止相机和全向相机的智能监控技术均属于被动视觉的范畴,并不能完全满足智能视频监控的实际需求。例如,在实际应用中,安全值守人员通常希望监控系统能够持续跟踪可疑目标,使其始终处于监控视野内,并获得目标的高分辨率图像,从而为日后事件的回溯提供依据。虽然通过布设多个静止相机,利用预先调整各个相机焦距的方式也可以实现这一目标,但系统配置复杂、灵活性较差,并且即使能够获得目标的高分辨率图像,其获取区域也是固定的。反观主动相机,它的水平转动、竖直转动,以及焦距变化参数具有可变性和可控性,配置简单、视角灵活、分辨率多样,通过设计合适的视觉分析算法,可以方便地获取目标的多视角和多尺度信息。

1.2.3　智能视频监控研究的发展趋势

从上述三种常用相机的分析来看,主动相机的灵活性更强,功能更加完备,因此其实用价值更大。特别是,随着相机制作工艺的完善、机械控制精度的提高,以及生产成本的降低,主动相机的逐渐普及已经成为必然。例如,杭州市在 2005 年建成了包括 10 万个摄像机在内的全城监控网络,其中大多数相机是主动相机;武汉市在 2013 年的平安城市建设中,也安装了大量的主动相机;火箭军部队在信息化建设中,也在阵地、各关键出入口、重点涉密场所安装了热成像仪、主动相机等各种类型的监控设备,从而可以通过统一的信息管理平台监控各个重要区域。可以看出,随着主动相机的广泛应用,智能监控研究的发展趋势之一就是从传统静止相机、全向相机到主动相机。

　　另一方面,单目相机(包括单目主动相机)在监控中也存在一定的缺陷:首先是视角单一,当遮挡现象发生的时候,可能出现视觉盲区,从而无法获取盲区内的信息;其次是在没有场景先验知识的情况下,无法获取深度信息,经典的立体视觉需要至少两个相机,通过视差大小来估计目标的深度;最后是使用单个相机往往存在监控视场和目标分辨率之间的矛盾,导致无法同时获取目标运动的全景信息和高分辨率信息。因此,智能监控技术的另一个趋势就是采用多个相机,而研究多个相机之间的协同控制和信息融合[16-19]则成为一个主要的研究热点。

1.3 主动相机运动分割和目标跟踪的研究现状

　　针对上述发展趋势,本书紧紧围绕主动相机智能监控这个基本问题,寻找主要问题的解决方法,包括主动相机的运动目标分割技术、静止相机与主动相机的目标跟踪技术、双目主动相机的目标跟踪技术等。

1.3.1 主动相机运动分割的研究现状

　　运动目标分割是智能视频监控的一个重要而基础的内容,是后续目标跟踪、目标分类,以及行为理解的基础。运动目标分割算法的好坏直接影响到这些后续应用的质量。根据摄像机是否运动,可分为静态背景下的运动目标分割和动态背景下的运动目标分割两类[20,21]。前者的研究相对广泛和深入,而后者的研究则相对较少,并且考虑主动相机采集的视频序列多为动态背景的情况,因此本节只是对静态背景下的目标分割算法作简单介绍,而后详细阐述动态背景下目标分割的三类方法,并对基于多帧运动轨迹的经典算法进行重点讨论。

1. 静态背景下的运动目标分割

　　在静态背景下,摄像机与监控场景保持相对静止,在此类摄像机静止-目标运动的情形下,运动目标的分割较为容易[21],常用的方法包括帧间差分法[22,23]、背景建模法[24]等。帧间差分法将相邻两帧图像进行差分,并将亮度变化超出阈值的像素判为前景。该方法运算速度很快,但由于目标运动的复杂性,分割结果常会出现空洞,并且包含大量的噪声。背景建模方法利用多模态的背景模型表征背景像素,并通过当前图像与背景模型的差分比较实现运动目标的分割,同时当前的分割结果又用来更新背景模型。该类方法能在一定程度上适应场景的微弱变化和噪声扰动,经典的背景建模方法包括混合高斯模型(Gaussian mixture models,GMM)[25]、码本背景模型(code book,CB)[26]、核密度估计法(kernel density estimation,KDE)[27]等。近年来,学者又提出一些新的背景建模方法,如采样一致性模型(sample consensus,SACON)[28]、自组织神经网络模型(self-organizing approach to background subtraction,SOBS)[29]、视觉背景提取模型(visual background extractor,ViBe)[30]等。

2. 动态背景下的运动目标分割

在实际应用中,常常伴随着摄像机运动的情况。例如,在主动相机视觉系统中,主动相机常采用自主巡航的工作方式扩大监控视野范围。在此种情况下,由于摄像机是运动的,其采集的视频中的背景也会随时间变化,此类摄像机运动-目标运动的情况增加了运动目标分割的难度,而前述静态背景下的分割算法也将不再适用。动态背景下的运动目标分割方法主要可以分为基于帧间背景补偿的方法、基于初始背景模型构造的方法和基于多帧运动轨迹的方法。

帧间背景补偿方法通过相邻帧的全局运动估计(global motion estimation,GME)来补偿背景运动,进而计算背景补偿后相邻帧之间的差分图像分割运动目标。该方法的关键是如何准确估计相邻两帧图像之间的背景运动,一般包括三个关键环节。

① 图像特征提取,寻找相邻两帧图像之间的对应特征,并建立运动矢量场,常用的特征包括点特征[31-33]、全图像素灰度值[34]、局部图像块的灰度极大或极小值[35]等。

② 运动模型选择,近似选择满足背景运动的变换模型,所用的变换关系包括投影变换[31,36]、仿射变换[32]、相似变换[35]等。

③ 模型参数估计,利用鲁棒参数估计的方法筛选正确的运动矢量并计算运动模型参数,常用的估计器包括极大似然抽样一致性算法(maximum likelihood sample consensus algorithm,MLESAC)[31]、最小中值平方估计算法(least median squares estimator algorithm,LMedS)[31]、随机抽样一致性算法(random sample consensus algorithm,RANSAC)[35]等。此类方法由于采用帧间对比差分的思想,因此只能获取运动目标的边缘轮廓信息,无法获取完整的运动目标区域。

为此,部分文献在得到目标轮廓的初始分割后,通过后处理技术分割出完整的目标,如光流聚类和搜索填充算法[37]、可变块差分策略[38]等,虽然上述后处理技术能够部分改善前景分割的性能,但无法从根本上消除此类方法的缺陷。

初始背景模型构造方法通过背景模型的初始构造和逐步更新,逐帧获取每帧图像的背景区域,进而利用颜色信息的差分比较分割运动物体。Xue 等[39]首先利用大场景中的多幅拼接图像构建全景高斯混合模型(panoramic Gaussian mixture model,PGMM),然后将当前帧图像与 PGMM 进行层次配准获得对应的背景区域,最后通过差分操作分割运动目标并同时更新对应区域的背景模型。该方法虽能完整的分割出运动前景,但需要预先对场景背景进行拼接,且当场景结构和光照条件发生变化时,需要对拼接图像进行实时更新。Kim 等[40]首先构建一个与输入图像同等大小的背景图像,然后利用 LKT(Lucas Kanade tracking)算法[41]估计当前帧图像与背景图像的运动模型,最后利用该模型将背景图像映射到当前帧图像中分割运动目标,同时更新背景区域。利用上述思路,Ferone 等[42]将所提自组织神经网络背景建模方法[29]应用到动态背景的前景分割中,取得了一定的实验效果。上述方法的局限在于背景模型的初始化需要较强的假设条件,如相机在初始阶段首先保持静止以用于初始化背景模型[39]、视频序列的初始帧中无运动物体[40]、人工辅助构建背景模型[42]等,这些假设在大部分情况下是无法满足的,从而限制了此类算法在实际中的应用。

动态背景下运动目标分割的上述两类方法的本质均是首先找到实际三维空间中某个实体在两帧图像(相邻帧、当前帧和背景帧)的像素对应,进而利用静态背景下运动目标分割的方法进行处理。一方面,这两类方法均依赖于运动模型的真实逼近和模型参数的鲁棒求解,因此在摄像机运动的情况下较难实现同一像素在时域上的准确建模。另一方面,上述方法主要利用颜色变化来区分背景和运动目标,背景和前景在多帧积累的运动信息未被利用。近些年的研究表明,运动线索是人类分割和识别物体最重要的特征之一[43],因此利用长时间积累的运动信息分割运动物体具有重要意义。

为了利用运动线索,研究者尝试从视频序列中提取长时运动轨迹[44,45],并通过轨迹运动模式的分析分割运动物体。多帧跟踪的像素点轨迹蕴含丰富的运动信息,并且同一运动物体轨迹具有类内一致性,不同运动物体轨迹具有类间差异性,因此通过轨迹分析可以更好地区分不同物体。Dey 等[46]以对极几何为基础提出一种基于多组基础矩阵的视频序列目标分割算法,该方法利用帧间基础矩阵约束对背景运动进行建模,并根据运动轨迹通过该模型的差异特性,将运动轨迹分类为背景轨迹和运动目标轨迹,从而实现视频序列运动目标的分割。Ochs 等[47]首先利用运动线索定义轨迹之间的相似度矩阵,然后运用谱聚类技术对运动轨迹进行聚类,最后通过变分操作得到完整的像素一级前景分割结果。Sheikh 等[48]首先将视频序列划分为多个局部窗口,然后通过低秩约束将窗口内的等长运动轨迹分类为背景轨迹和运动目标轨迹,最后利用分离后的轨迹构造背景和前景的表观模型,从而进一步获得像素一级的目标分割结果。Elqursh 等[49]首先通过距离度量产生运动轨迹的相似性矩阵,并在谱空间进行聚类,然后利用聚类的紧凑程度、谱空间的离散度,以及背景和前景的位置关系,对上一步的聚类结果进行前背景二值标记,最后根据像素点之间的颜色、位置等属性对每个像素进行标记,从而获得像素一级的运动目标分割结果。Lee 等[50]首先根据运动轨迹确定类似目标的候选关键区域,然后计算候选关键区域的二值化分割,从而获得具有稳定外观和持续运动的假设组,最后使用已被排序的假设组得到所有帧像素级的目标分割结果。Li 等[51]通过条件随机场模型将利用运动轨迹获得的目标内部稀疏像素点进行有效集成,算法不需要通过任何训练数据来获取先验知识和条件假设,能够鲁棒处理前景目标形状和姿态的任意变化。Zhang 等[52]首先根据运动目标的空间连续性和运动轨迹的局部平滑性建立目标样本集,然后利用所有的目标样本集建立层状有向无环图,图中最长的路径满足运动评分函数最大且代表了可能性最大的目标样本,最后这些目标样本被用于建立目标和背景的混合高斯模型,并利用最优化图割方法求解模型获取准确的像素级分割结果。

1.3.2 主动相机目标跟踪的研究现状

运动目标跟踪是智能视频监控中一个重要的研究课题,也是一个富有挑战性的研究领域[53],其困难之处在于目标的运动突变、目标的表观变化、目标的相互遮挡等。依据不同的标准,运动目标跟踪问题的分类也不尽相同[54,55],常见的有单目标跟踪与多目标跟踪、刚体目标跟踪与非刚体目标跟踪、可见光图像跟踪与红外目标跟踪、摄像机静止下目标跟踪与摄像机运动下目标跟踪、单摄像机目标跟踪与多摄像机目标跟踪等。

在上述分类方法中,摄像机静止下目标跟踪与摄像机运动下目标跟踪的分类标准采用较为广泛。摄像机静止下目标跟踪通常针对静止相机而言,其一般利用静态背景下的背景建模技术分割目标运动,并通过颜色、纹理和形状等特征建立目标之间的关联,进而获取目标在每一帧图像的位置和形状。由于静止相机视场内有可能出现多个目标,因此静止相机目标跟踪的主要难点在于建立前后两帧图像中相同目标的对应关系。Zhao 等[56]提出基于 Kalman 滤波的多目标跟踪算法;该方法通过建立目标的三维空间模型来辅助解决目标之间的遮挡问题,从而实现复杂人群场景下的多目标跟踪。Ryoo 等[57]提出一种观测与解释相结合的多目标跟踪方法,该方法通过搜集足够的观测数据对多目标的各种可能关联进行解释,在遮挡明显的场合依然能够准确地跟踪目标。Zhu 等[58]提出一种基于在线采样的多目标跟踪方法,该方法首先对遮挡前的每个目标进行采样,并作为训练样本设计分类器,当遮挡发生时,利用分类器对前景区域进行分类,从而实现多目标的稳定跟踪。

静止相机下的目标跟踪有着本质的缺陷,如视场固定、分辨率单一等。随着硬件水平的提高,基于单目主动相机的跟踪系统得到了广泛研究与应用,该类系统通过控制主动相机参数,可以使感兴趣目标保持在视场中央,从而使目标被观测到的时间更长。Xue 等[39]首先建立监控场景的全景高斯混合模型,然后通过当前图像和全景高斯混合模型的分层配准辅助确定目标区域,最后利用 Mean-shift 方法[59]主动跟踪室外场景中的行人、车辆等目标。Kumar 等[60]将背景和前景的表观模型统一考虑,并通过贝叶斯假设对每个像素进行前背景分类,最后利用 Camshift 方法[61]主动跟踪监控场景中的非刚体目标。Cai 等[62]提出一种基于单目主动相机的高分辨率人脸跟踪系统,该系统工作于 zoom-in 和 zoom-out 两种模式,在 zoom-out 阶段进行多目标的分割与跟踪,在 zoom-in 阶段则进行感兴趣目标的人脸分割和跟踪,两种模式的切换通过调度模块来实现。Varcheie 等[63]提出一种基于网络主动相机的主动跟踪系统,该系统结合多尺度机制和粒子滤波方法实现对目标的主动跟踪,这种方式可以有效应对网络控制延迟引起的运动漂移问题。Bernardin 等[64]提出一种室内场景下人体上半身的主动跟踪方法,该方法主要利用颜色特征和 KLT(Kanada-Lucas-Tomasi)算法[65]跟踪人脸和人体上半身,并通过模糊控制策略动态调整主动相机参数。虽然单目主动相机跟踪系统具备一定的优势,但其在应用中仍存在一定的局限性,如主动相机运动导致的目标分割的难点问题、监控视场和目标分辨率之间的矛盾、跟踪的鲁棒性等。

1.3.3　双目视觉系统的研究现状

如 1.2.3 节所述,目前智能视频监控的一个发展趋势是从单目到多目。在通常情况下,多目视觉系统的研究与具体应用有关,因此系统种类繁多,如针对单个场景的多摄像机系统,以及针对多个监控场景的摄像机网络等。在众多的多目视觉系统中,双目视觉系统是一种最简单,并且最具代表性的多目视觉系统。它具有一般多目视觉系统的基本特点,并且一般的多目视觉系统都可以在此基础上进行延伸,因此研究双目视觉系统具有重要意义。

近年来,双目视觉系统的研究和应用逐渐受到监控业界的重视,并出现了一些经典的双目视觉系统。按照 1.2.2 节提到的三种监控相机的不同组合,本节主要对其中的三类进行具体介绍,包括静止相机加主动相机视觉系统、全向相机加主动相机视觉系统,以及双目主动相机视觉系统。

1. 静止相机加主动相机视觉系统

静止相机加主动相机视觉系统主要以传统单目静止相机视觉技术为基础,结合主动相机视角和分辨率可变的优势,以实现感兴趣目标的持续高分辨率主动跟踪,从而获得目标的多帧高分辨率图像,捕获的目标高分辨率图像可以用于提取更典型,并且更具区分性的特征,从而更好地辅助行为分析、异常检测等后续应用。这类系统一般用于监控场景不是很大,并且基本可以被静止相机视场覆盖的场合。如何准确建立静止相机图像坐标和主动相机参数的映射关系,是该类系统的研究重点和难点。现有方法主要分为模型拟合的方法、完全标定的方法,以及图像拼接的方法。

模型拟合方法原理较为简单,在实际系统中得到了广泛的应用,该方法通过少数采样点,直接建立静止相机图像坐标和主动相机控制参数之间的对应关系。这种关系可以通过查表的方式得到,也可以通过建立模型计算得到。Zhou 等[66]首先在几个标定点处进行采样,然后通过线性插值计算出静止相机图像坐标和主动相机参数的对应关系,该系统主要用于室外环境下目标的高分辨率生物特征提取,包括人脸和步态特征等。Bodor 等[67]也提出一套类似的系统,并且采用类似的方法,该系统的一个最大假设就是忽略两个相机之间的距离,即假设两个相机的光心重合,因此可以通过简单的模型拟合进行对应。Park 等[68]利用一个静止相机和一个主动相机构建了高分辨率人脸跟踪和识别系统,该系统通过六面体箱子和分光镜等特殊硬件配置,使两相机光心严格重合,因此该系统利用模型拟合方法取得了较好的实验结果,可以根据目标在静止相机图像中的位置,准确地估计主动相机控制参数,从而使目标的人脸图像基本位于主动相机图像的中心位置。

完全标定方法需要对两个相机进行完整的摄像机标定,包括各自内外参数,从而建立两个相机坐标之间的对应关系。Jain 等[69]利用两个主动相机实现了主从系统,其中一个相机当做静止相机使用,该系统通过两个相机的完全标定,建立两个坐标系之间的关联,然后在初始帧中计算目标深度,并假设目标深度变化较小,从而在每一帧中估计一个主动相机参数。Horaud 等[70]也构建了类似的系统,系统目标是通过对主动相机参数的计算和控制,保证静止相机选定的目标处于主动相机的视场中,并尽可能处于图像中心。该方法在对两相机进行完全标定后,需要给出目标的一个深度范围,然后根据给定的深度范围估计主动相机参数,从而保证在给定的深度范围内目标都可以出现在主动相机图像中。

图像拼接方法则完全摆脱了两个相机之间的复杂几何关系和标定过程,直接依托图像内容实现两个相机之间的协同控制。该类方法利用静止相机图像和主动相机高分辨率拼接图像之间的特征匹配建立关联,并根据静止相机图像中目标附近的特征点分布来计算主动相机参数。在文献[71],[72]构建的双目视觉系统中,均采用这类方法。

2. 全向相机加主动相机视觉系统

全向相机加主动相机视觉系统主要应用于室内场景,并且需要对局部感兴趣区域和目标进行重点监控的场合。Scotti 等[73]采用折反射式全向相机和主动相机组成的双目视觉系统,全向相机用于进行全景下的目标分割和跟踪,然后控制主动相机动态获取感兴趣目标的高分辨率图像。Chen 等[74]采用统计方法建立二维图像信息到三维坐标信息的统计分布,从而根据全向相机图像中目标的大小和位置,确定合适的主动相机参数,这种方法在特定应用中很有效,但是当场景变化时,统计分布的重新建立需要较大的工作量。Tarhan 等[75]根据无人驾驶飞行器(unmanned aerial vehicle, UAV)的应用需要,通过全向相机和主动相机的特殊安装,实现了两个相机的协同跟踪功能,并在室内场景进行了仿真测试。国内的毛晓波等[76]借助人类视觉系统全局性与选择性兼顾的特点,利用全向相机和主动相机构建了一种广域监视与局部精确跟踪相结合的仿生视觉系统,并对室内场景的单个目标进行了实验。

然而如 1.2.2 节所述,全向相机分辨率比较低,视场各区域的分辨率也不均匀,导致其自身的运动目标分割和跟踪往往比较困难,另外全向相机图像的畸变比较严重,导致较难实现与主动相机图像的融合,因此相对而言,全向相机加主动相机视觉系统的应用相对较少。

3. 双目主动相机视觉系统

对于双目主动相机,由于主动相机在参数固定时等价为静止相机,因此其不但可以完全实现双目静止相机、静止相机加主动相机两类视觉系统所能实现的功能,而且可以利用两个相机的对称性和参数的可变、可控性,监控更大的视场区域。因此,双目主动相机视觉系统是一种功能较为完备的视觉系统。

Chalidabhongse 等[77]利用两个主动相机实现了人脸的三维场景定位,作者首先通过旋转和平移关系将其中一个主动相机的图像进行变换,从而使两个相机的光轴等效平行,然后利用传统的立体视觉方法进行处理,该系统对两个相机的安装位置有一定的要求。Chen 等[78]研究了双目主动相机的协同匹配问题,该方法首先获取多组双目相机控制参数和图像坐标的对应关系,然后利用多项式模型建立损失函数,并将其转化为模型选择问题,最后利用信息论中的 AIC 准则[79]估计模型参数,该方法需要离线获取大量的对应关系,复杂度较高。此外,双目主动相机的研究在机器人视觉领域相对较多,如可以应用于 Head-Eye 平台[80,81],从而通过机器人和相机的自身运动实现主动视觉功能。

在现有双目主动相机视觉系统的研究中,Zhou 等[82]阐述了最全面的系统优势,并介绍了课题组的相关研究成果,提出一种立体视觉模型[83],实现了双目主动相机的深度图估计。该系统可以等效为一个双目全向相机系统[84],双目主动视觉系统与双目全向视觉系统相比,具有的一个主要优势就是可以通过改变图像分辨率来提高立体视觉的精度;利用主动相机参数可变和可控的性质,提出场景局部区域的高分辨率深度图获取方法,以及大场景区域的全景深度图估计方法[85];基于双目主动相机获取的同步视频,提出高分辨率视频稳定化方法[86],提高了视频质量。上述基础工作可以为后续的双目主动相机视觉系统研究和设计提供有价值的参考。

1.4　本书内容安排

主动相机运动分割和目标跟踪技术经过近年的研究,已经得到长足发展,但仍有很多技术难题有待解决。本书围绕主动相机运动分割和目标跟踪这个基本问题,寻找主要问题的解决方法。全书包含 7 章,各章内容之间的关系如图 1.3 所示。

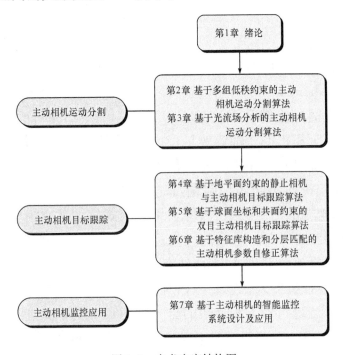

图 1.3　本书内容结构图

第 1 章绪论。分析智能视频监控技术的结构框架和研究意义,介绍主动相机的优势和智能视频监控的发展趋势,重点阐述国内外在主动相机运动分割、主动相机目标跟踪等方面的研究内容和方法。

第 2 章基于多组低秩约束的主动相机运动分割算法。系统分析现有方法的局限性,并基于多帧跟踪的运动轨迹,提出一种基于多组低秩约束和马尔可夫随机场的运动目标分割算法。算法首先提出一种新的运动轨迹分类方法,该方法利用背景运动轨迹的低秩特性,结合累积确认的策略,可以将运动轨迹准确分类为背景轨迹和目标轨迹;然后通过过分割技术获取图像超像素,得到超像素之间颜色信息的相似性度量;最后以超像素为节点建立马尔可夫随机场模型,将第一步获得的运动轨迹分类信息,以及第二步获得的超像素之间颜色信息统一编码在该模型中,求解该模型可实现对每个超像素的分类。

第 3 章基于光流场分析的主动相机运动分割算法。针对现有基于运动轨迹方法的不足,以视频序列帧间光流场作为运动线索的基本载体,提出一种基于光流场分析的主动相机运动分割算法。算法首先通过光流梯度幅值和光流矢量方向共同确定目标的边界,得到相对清晰、准确的前景轮廓;然后利用点在多边形内部原理对像素点进行多方向判断,获得前景目标内部较准确的稀疏像素点;最后以超像素为节点,将利用混合高斯模型构建的数据项和利用超像素时空邻域关系构建的平滑项统一纳入马尔可夫随机场模型中,并通过图割最优理论求解模型得到最终的前背景区域分割结果。

第 4 章基于地平面约束的静止相机与主动相机目标跟踪算法。详细总结现有三类方法存在的不足,并利用两相机之间的单应性知识,提出一种基于地平面约束的静止相机与主动相机协同跟踪算法。算法分为离线标定和在线跟踪两个阶段。离线阶段利用两相机不同视角间的目标匹配关系计算地平面所诱导的单应矩阵,提出一种从两相机同步视频流中自动估计单应矩阵的方法,与传统方法相比具有不需要标定物和人工干预的优点,然后采用匹配特征点的方法估计主动相机的主点和等效焦距。在线阶段通过单应变换建立两相机之间的坐标关联,并利用主点和等效焦距的估计结果计算主动相机控制参数,从而实现两相机的协同跟踪。

第 5 章基于球面坐标和共面约束的双目主动相机目标跟踪算法。针对双目主动相机的协同跟踪问题,利用球面经纬坐标系,提出一种基于球面坐标的协同跟踪算法。该方法首先利用图像特征匹配估计主动相机的内部参数,然后引入球面经纬坐标系作为双目主动相机的公共坐标系,最后结合场景深度范围实现目标的协同跟踪,该方法可以在线实现两相机任意参数下的协同跟踪。利用平面约束思想,提出一种基于共面约束的协同跟踪算法,该方法同样可以实现两相机任意参数下的协同跟踪。

第6章基于特征库构造和分层匹配的主动相机参数自修正算法。针对主动相机目标跟踪过程中产生的参数误差,利用场景空间点姿态角和相机 pan-tilt 参数物理含义的一致性,以及相邻尺度图像的匹配稳定性,提出一种基于特征库构造和分层匹配的参数自修正算法。算法通过引入参数重估计策略来计算场景空间点的姿态角,并构造特征库,从而有效提高姿态角估计的准确性;通过设计分层匹配和特征传播算法来获取当前图像特征点对应的姿态角,从而有效解决尺度差异较大图像的匹配问题,并可实现任意尺度图像的参数自修正。

第7章基于主动相机的智能监控系统设计及应用。围绕主动相机在实际监控中的应用,利用两个主动相机,设计了一套智能视频监控系统。详细介绍系统的硬件组成和软件界面,同时针对不同的系统配置,提出系统的 6 个应用模块,并设计了相应的实验,以进一步说明主动相机智能监控系统的优势,以及在实际监控中的用途。

参 考 文 献

[1] Ostrovsky Y. Learning to see: the early stages of perceptual organization[D]. USA: Department of Brain and Cognitive Sciences, Massachusetts Institute of Technology, 2010.

[2] Szeliski R. Computer Vision: Algorithms and Applications[M]. New York: Springer, 2008.

[3] Turk M, Pentland A. Eigenfaces for recognition[J]. Journal of Cognitive Neurascience, 1991, 3(1): 71-86.

[4] 万定锐. 双目 PTZ 视觉系统的研究[D]. 北京: 清华大学博士学位论文, 2009.

[5] Fitzgibbon A, Pollefeys M, Gool L, et al. IJCV special issue: vision and modeling of dynamic scenes[J]. International Journal of Computer Vision, 2006, 68(1): 5-6.

[6] Vidal R, Heyden A, Ma Y. Dynamical Vision[M]. New York: Springer, 2007.

[7] Ahmad I, He Z, Liao M, et al. Special issue on video surveillance[J]. IEEE Transactions on Circuits and Systems for Video Technology, 2008, 18(8): 1001-1005.

[8] Haering N, Venetianer P, Lipton A. The evolution of video surveillance: an overview[J]. Machine Vision and Application, 2008, 19(5): 279-290.

[9] Kim I, Choi H, Yi K, et al. Intelligent visual surveillance-a survey[J]. International Journal of

Control, Automation and Systems, 2010, 8(5): 926-939.

[10] Russel S, Norvig P. Artificial Intelligence: A Modern Approach[M]. New York: Prentice Hall, 2004.

[11] Aloimonos J, Weiss I, Bandyopadhyay A. Active vision[J]. International Journal of Computer Vision, 1988, 1(4): 333-356.

[12] Bajcsy R. Active perception[J]. Proceedings of IEEE, 1988, 76(8): 966-1005.

[13] Haj M, Fernandez C, Xiong Z, et al. Beyond The Static Camera: Issues and Trends in Active Vision[M]. New York: Springer, 2011.

[14] Siman B, Shree K. A theory of catadioptric image formation[C]// International Conference on Computer Vision, 1998: 35-42.

[15] Micheloni C, Rinner B, Foresti G. Video analysis in pan-tilt-zoom camera networks[J]. IEEE Signal Processing Magazine, 2010, 27(5): 78-90.

[16] Kettnaker V, Zabih R. Bayesian multi-camera surveillance[C]// IEEE Computer Society Conference on Computer Vision and Pattern Recognition, 1999: 2253-2261.

[17] Khan S, Javed O, Rasheed Z, et al. Human tracking in multiple cameras[C]// International Conference on Computer Vision, 2001: 331-336.

[18] Collins R, Lipton A, Fujiyoshi H, et al. Algorithms for cooperative multisensory surveillance [J]. Proceedings of the IEEE, 2001, 89(10): 1456-1477.

[19] Chen H, Wang S. Efficient vision-based calibration for visual surveillance systems with multiple ptz cameras[C]// International Conference on Computer Vision Systems, 2006: 24.

[20] Ren Y, Chua C, Ho Y. Motion detection with non-stationary background[J]. Machine Vision and Applications, 2003, 13(1): 332-343.

[21] 崔智高, 李艾华, 姜柯. 双目协同动态背景运动分离方法[J]. 红外与激光工程, 2013, 42 (1): 179-185.

[22] Neri A, Colonnese S, Russo G, et al. Automatic moving object and background separation [J]. Signal Processing, 1998, 66(2): 219-232.

[23] Mech R, Wollborn M. A noise robust method for segmentation of moving objects in video sequences[C]// International Conference on Acoustics, Speech, and Signal Processing, 1997: 2657-2660.

[24] Brutzer S, Hoferlin B, Heidemann G. Evaluation of background subtraction techniques for video surveillance[C]// IEEE Computer Society Conference on Computer Vision and Pattern Recognition, 2011: 1937-1944.

[25] Stauffer C, Grimson W. Adaptive background mixture models for real-time tracking[C]// IEEE Computer Society Conference on Computer Vision and Pattern Recognition, 1999: 246-252.

[26] Kim K, Chalidabhongse T, Harwood D, et al. Real-time foreground-background segmenta-

tion using codebook model[J]. Real-Time Imaging,2005,11(3):172-185.

[27] Elgammal A,Duraiswami R,Harwood D,et al. Background and foreground modeling using nonparametric kernel density estimation for visual surveillance[J]. Proceedings of the IEEE,2002,90(7):1151-1163.

[28] Wang H,Suter D. Background subtraction based on a robust consensus method[C]// International Conference on Pattern Recognition,2006:223-226.

[29] Maddalena L,Petrosino A. A self-organizing approach to background subtraction for visual surveillance applications[J]. IEEE Transactions on Image Processing,2008,17(7):1168-1177.

[30] Barnich O,Droogenbroeck V. ViBe:a universal background subtraction algorithm for video sequences[J]. IEEE Transactions on Image Processing,2011,20(6):1709-1724.

[31] Tordoff B,Murray D. Reactive control of zoom while tracking using perspective and affine cameras[J]. IEEE Transactions on Pattern Analysis and Machine Intelligence,2004,26(1): 98-112.

[32] Araki S,Matsuoka T,Yokoya N,et al. Real-time tracking of multiple moving object contours in a moving camera image sequence[J]. IEICE Transactions on Information and Systems,2000,83(7):1583-1591.

[33] Micheloni C,Foresti G. Real-time image processing for active monitoring of wide areas[J]. Journal of Visual Communication and Image Representation,2006,17(3):589-604.

[34] Lee K,Ryu S,Lee S,et al. Motion based object tracking with mobile camera[J]. Electronics Letters,1998,34(3):256-258.

[35] Suhr J,Jung H,Li G,et al. Background compensation for pan-tilt-zoom cameras using 1-D feature matching and outlier rejection[J]. IEEE Transactions on Circuits and Systems for Video Technology,2011,21(3):371-377.

[36] Yuan C,Medioni G,Kang J,et al. Detecting motion regions in the presence of a strong parallax from a moving camera by multiview geometric constraints[J]. IEEE Transactions on Pattern Analysis and Machine Intelligence,2007,29(9):1627-1641.

[37] Kim J,Ye G,Kim D. Moving object detection under free-moving camera[C]// International Conference on Image Processing,2010:4669-4672.

[38] 朱娟娟,郭宝龙. 复杂场景中基于变块差分的运动目标检测[J]. 光学精密工程,2011,19 (1):183-191.

[39] Xue K,Liu Y,Ogunmakin G,et al. Panoramic Gaussian mixture model and large-scale range background subtraction method for ptz camera-based surveillance systems[J]. Machine Vision and Application,2012,11(4):1-16.

[40] Kim S,Yun K,Yi K,et al. Detection of moving objects with a moving camera using non-panoramic background model[J]. Machine Vision and Application,2013,24(5):1015-1028.

[41] Lucas B,Kanade T. An iterative image registration technique with an application to stereo vision[C]// International Joint Conference on Artificial Intelligence,1981:674-679.

[42] Ferone A,Maddalena L. Neural background subtraction for pan-tilt-zoom cameras[J]. IEEE Transactions on Systems,Man,and Cybernetics:Systems,2013,44(5):571-579.

[43] Brox T,Malik J. Object segmentation by long term analysis of point trajectories[C]// European Conference on Computer Vision,2010:282-295.

[44] Sand P,Teller S. Particle video:longe-range motion estimation using point trajectories[J]. International Journal of Computer Vision,2008,80(1):72-91.

[45] Sundaram N,Brox T,Keutzer K. Dense point trajectories by GPU-accelerated large displacement optical flow[C]// European Conference on Computer Vision,2010:438-451.

[46] Dey S,Reilly V,Saleemi I,et al. Detection of independently moving objects in non-planar scenes via multi-frame monocular epipolar constraint[C]// European Conference on Computer Vision,2012:860-873.

[47] Ochs P,Brox T. Object segmentation in video:a hierarchical variational approach for turning point trajectories into dense regions[C]// International Conference on Computer Vision,2011:1583-1590.

[48] Sheikh Y,Javed O,Kanade T. Background subtraction for freely moving cameras[C]// International Conference on Computer Vision,2009:1219-1225.

[49] Elqursh A,Elgammal A. Online moving camera background subtraction[C]// European Conference on Computer Vision,2012:228-241.

[50] Lee Y,Kim J,Grauman K. Key-segments for video object segmentation[C]// International Conference on Computer Vision,2011:1995-2002.

[51] Li W,Chang H,Lien K,et al. Exploring visual and motion saliency for automatic video object extraction[J]. IEEE Transactions on Image Processing,2011,22(7):2600-2609.

[52] Zhang D,Javed O,Shah M. Video object segmentation through spatially accurate and temporally dense extraction of primary object regions[C]// Proceedings of the IEEE Conference on Computer Vision and Pattern Recognition,2013:628-635.

[53] Hu W,Tan T,Wang L,et al. A survey on visual surveillance of object motion and behaviors [J]. IEEE Transactions on Systems,Man,and Cybernetics-Applications and Reviews,2004, 34(3):334-352.

[54] Yilmaz A,Javed O,Shah M. Object tracking:a survey[J]. ACM Computing Surveys,2006, 38(4):13-58.

[55] 侯志强,韩崇昭. 视觉跟踪技术综述[J]. 自动化学报,2006,32(4):603-617.

[56] Zhao T,Nevatia R. Tracking multiple humans in crowded environment[C]// IEEE Computer Society Conference on Computer Vision and Pattern Recognition,2004:406-413.

[57] Ryoo M,Aggarwal J. Observe-and-explain:a new approach for multiple hypotheses tracking

of humans and objects[C]// IEEE Computer Society Conference on Computer Vision and Pattern Recognition,2008:1-8.

[58] Zhu L,Zhou J,Song J. Tracking multiple objects through occlusion with online sampling and position estimation[J]. Pattern Recognition,2008,41(8):2447-2460.

[59] Comaniciu D,Ramesh V,Meer P. Kernal-based object tracking[J]. IEEE Transactions on Pattern Analysis and Machine Intelligence,2003,25(5):564-577.

[60] Kumar P,Dick A,Sheng T. Real time target tracking with pan-tilt-zoom camera[C]// Digital Image Computing:Techniques and Applications,2009:492-497.

[61] Bradski G. Computer vision face tracking as a component of a perceptual user interface [C]// IEEE Workshop on Applications of Computer Vision,1998:214-219.

[62] Cai Y,Medioni G,Dinh T. Towards a practical ptz face detection and tracking system[C]// IEEE Workshop on Applications of Computer Vision,2013:31-38.

[63] Varcheie P,Bilodeau G. People tracking using a network-based ptz camera[J]. Machine Vision and Application,2011,22(4):671-690.

[64] Bernardin K,Camp F,Stiefelhagen R. Automatic person detection and tracking using fuzzy controlled active cameras[C]// IEEE Computer Society Conference on Computer Vision and Pattern Recognition,2007:1-8.

[65] Shi J,Tomasi C. Good features to track[C]// IEEE Computer Society Conference on Computer Vision and Pattern Recognition,1994:593-600.

[66] Zhou X,Collins R,Kanade T. A master-slave system to acquire biometric imagery of humans at a distance[C]// ACM SIGMM International Workshop on Video Surveillance, 2003:113-120.

[67] Bodor R,Morlok R,Papanikolopoulos N. Dual-camera system for multi-level activity recognition[C]// IEEE/RJS International Conference on Intelligent Robots and Systems,2004: 1-8.

[68] Park U,Choi H,Jain A. Face tracking and recognition at a distance:a coaxial & concentric ptz camera system[J]. IEEE Transactions on Information Forensics and Security,2013,8 (10):1665-1677.

[69] Jain A,Kopell D,Kakligian K,et al. Using stationary-dynamic camera assemblies for wide-area video surveillance and selection attention[C]// IEEE Computer Society Conference on Computer Vision and Pattern Recognition,2006:537-544.

[70] Horaud R,Knossow D,Michaelis M. Camera cooperation for achieving visual attention[J]. Machine Vision and Application,2006,16(6):331-342.

[71] Li Y,Song L,Wang J. Automatic weak calibration of master-slave surveillance system based on mosaic image[C]// International Conference on Pattern Recognition,2010:1824-1827.

[72] Bimbo A,Dini F,Lisanti G,et al. Exploiting distinctive visual landmark maps in pan-tilt-

zoom camera networks[J]. Computer Vision and Image Understanding, 2010, 114 (6): 611-623.

[73] Scotti G, Marcenaro L, Coello C, et al. Dual camera intelligent sensor for high definition 360 degrees surveillance[J]. IEE Proceedings-Vision, Image and Signal Processing, 2005, 152 (2):250-257.

[74] Chen C, Yao Y, Page D, et al. Heterogeneous fusion of omnidirectional and ptz cameras for multiple object tracking[J]. IEEE Transactions on Circuits and Systems for Video Technology, 2008, 18(8):1052-1063.

[75] Tarhan M, Altug E. A catadioptric and pan-tilt-zoom camera pair objects tracking system for UAVs[J]. Journal of Intelligent & Robotic Systems, 2011, 61(1):119-134.

[76] 毛晓波,陈铁军. 基于人类视觉特性的机器视觉系统[J]. 仪器仪表学报, 2010, 31(4): 832-836.

[77] Chalidabhongse T, Amnuaykanjanasin P, Aramvith S. Face tracking using two cooperative static and moving cameras[C]// International Conference on Multimedia and Expo, 2005: 1158-1161.

[78] Chen C, Yao Y, Drira A, et al. Cooperative mapping of multiple PTZ cameras in automated surveillance systems[C]// IEEE Computer Society Conference on Computer Vision and Pattern Recognition, 2009:1078-1084.

[79] Bozdogan H. Akaike's information criterion and recent developments in information complexity[J]. Journal of Mathematical Psychology, 2000, 44(1):62-91.

[80] Sharkey P, Murray D, Reid I, et al. A modular head/eye platform for real-time reactive vision[J]. Mechatronics, 1993, 3(4):517-535.

[81] Andrew J. Mobile robot navigation using active vision[R]. Technical Report, 1998.

[82] Zhou J, Wan D, Wu Y. The chameleon-like vision system[J]. IEEE Signal Processing Magazine, 2010, 27(5):91-101.

[83] Wan D, Zhou J. Stereo vision using two ptz cameras[J]. Computer Vision and Image Understanding, 2008, 112(2):184-194.

[84] Fujiki J, Torii A, Akaho S. Epipolar geometry via rectification of spherical images[C]// Lecture Notes in Computer Science, 2007:461-471.

[85] Wan D, Zhou J. Multi-resolution and wide-scope depth estimation using a dual-ptz-camera system[J]. IEEE Transactions on Image Processing, 2009, 18(3):677-682.

[86] Zhou J, Hu H, Wan D. Video stabilization and completion using two cameras[J]. IEEE Transactions on Circuits and Systems for Video Technology, 2011, 21(12):1879-1889.

第 2 章　基于多组低秩约束的主动相机运动分割算法

2.1　引　　言

视频序列运动目标分割是计算机视觉的重要研究方向,也是后续众多应用的基础和关键,如目标跟踪、视频监视、语义分类等。视频目标分割算法的好坏直接影响到这些后续应用的质量[1,2]。早期的研究一般基于静态背景视频序列,即假设背景是静止的,从而可以利用像素颜色在时域的统计特性对背景进行建模,进而通过当前图像与背景模型的差分比较分割出运动目标,常用的方法包括高斯混合模型[3]、码本模型[4]、自组织神经网络模型[5]等。然而,在实际应用中常常出现背景运动的情况,例如主动相机捕获的视频序列就属于这种类型,此时由于主动相机的跟踪拍摄会导致视频序列的背景随时间不断变化,从而使得运动目标分割的难度加大,而前述静态背景下的分割算法也将不再适用。

主动相机下运动目标分割的一种直观思路是将静态背景下目标分割的方法拓展到动态背景下[6-8],即首先构建大场景下主动相机视野范围内的全景背景模型,然后将当前帧图像与全景背景模型进行配准获取对应的背景区域,最后通过颜色信息的差分比较分割出运动目标。上述方法的局限在于背景模型的初始化需要较强的假设条件,这些假设在大部分情况下是无法满足的,从而限制了这些算法在实际中的应用。近些年的研究表明,运动线索是人类分割和识别运动物体的基础[9],因此利用长时间积累的运动信息分割运动目标具有重要意义。

视频序列获得的像素点运动轨迹是运动线索的基本载体之一。Dey 等[10]以对极几何为基础提出一种基于多组基础矩阵的视频序列目标分割算法。该方法利用多组基础矩阵约束对背景运动进行建模,并根据像素点运动轨迹通过该模型的差异特性,将运动轨迹分类为背景轨迹和运动目标轨迹,从而实现视频序列运动目标的准确分割。然而,上述方法仅从运动轨迹的角度分割出运动目标,而实际提取的运动轨迹往往过于稀疏,因此无法得到完整的像素一级分割结果。Ochs 等[11]首先定义像素点运动轨迹之间的相似度矩阵,然后运用谱聚类技术对运动轨迹进行聚类,最后通过变分操作得到完整的像素一级目标分割结果。该方法虽然获得了像素一级的分割,但是没有对颜色信息加以很好的利用,因此对于空间对比度较低、运动轨迹较稀疏,以及容易与周围背景运动混淆的目标无法获得理想的分割结果。

针对上述方法的局限性,本章提出一种基于多组低秩约束的主动相机运动分割算法[12,13]。首先,设计了一种新的运动轨迹分类方法,该方法利用背景运动轨迹的低秩特性,结合累积确认的策略,可以将运动轨迹准确分类为背景轨迹和目标轨迹,从而获得轨迹一级的分割结果。然后,通过过分割技术获取图像超像素,并得到超像素之间颜色信息的相似性度量。最后,以超像素为节点建立马尔可夫随机场模型,将第一步获得的运动轨迹分类信息,以及第二步获得的超像素之间颜色信息统一编码在该模型中,求解该模型可实现对每个超像素的分类(背景和运动目标),从而得到最终像素一级的目标分割结果。本章方法在多个公开发布的视频序列中进行测试,并通过与现有方法的比较验证算法的优越性。

2.2　基于多组低秩约束的运动轨迹分类

本章方法首先利用粒子轨迹算法[14,15]计算输入视频序列的运动轨迹。该方法通过粒子外观匹配一致性和粒子间形变能量函数优化运动轨迹的计算,可以避免长周期运动引起的运动漂移,获得亚像素精度的运动轨迹。通过粒子轨迹算法获得的运动轨迹可大致分为两类,即由摄像机运动产生的背景轨迹和由运动物体产生的目标轨迹。本节的目的就是通过轨迹运动模式的分析,将运动轨迹分类为背景轨迹和运动目标轨迹。

2.2.1　背景运动的低秩约束

假设视频序列中无运动物体,即所有运动轨迹均由摄像机运动产生,此时运动轨迹位于一个低秩的子空间上[16]。

设在 l 帧图像中提取了 s 条完整运动轨迹,每条运动轨迹表达为 $\boldsymbol{q}_i = [x_{1i}, y_{1i}, \cdots, x_{li}, y_{li}]^{\mathrm{T}} \in \mathbb{R}^{2l \times 1}$,其中 x 和 y 代表轨迹 $\boldsymbol{q}_i$ 在每帧图像上的坐标。上述运动轨迹构成矩阵 $\boldsymbol{Q} \in \mathbb{R}^{2l \times s}$,即

$$\boldsymbol{Q} = [\boldsymbol{q}_1, \boldsymbol{q}_2, \cdots, \boldsymbol{q}_s] = \begin{bmatrix} x_{11} & \cdots & x_{1s} \\ y_{11} & \cdots & y_{1s} \\ \vdots & & \vdots \\ x_{l1} & \cdots & x_{ls} \\ y_{l1} & \cdots & y_{ls} \end{bmatrix} \tag{2.1}$$

在仿射摄像机模型中,矩阵 $\boldsymbol{Q}$ 可分解为

$$\boldsymbol{Q} = \boldsymbol{AX} = \begin{bmatrix} a_{11} & a_{12} & a_{13} \\ a_{14} & a_{15} & a_{16} \\ \vdots & \vdots & \vdots \\ a_{l1} & a_{l2} & a_{l3} \\ a_{l4} & a_{l5} & a_{l6} \end{bmatrix} \begin{bmatrix} X_1 & \cdots & X_s \\ Y_1 & \cdots & Y_s \\ Z_1 & \cdots & Z_s \end{bmatrix} \tag{2.2}$$

其中,$\boldsymbol{A} \in \mathbb{R}^{2l \times 3}$ 为所有 l 帧图像的仿射投影矩阵;$\boldsymbol{X} \in \mathbb{R}^{3 \times s}$ 为 s 个空间点的三维坐标。

式(2.2)表明,矩阵 $\boldsymbol{Q}$ 的秩等于 $3^{[17]}$,即对于不包含运动目标的视频序列,所有的运动轨迹(即背景运动轨迹)位于三条基轨迹构成的低秩子空间上;若视频序列中包含运动物体,矩阵 $\boldsymbol{Q}$ 的秩一般会大于 3,即运动目标轨迹会偏离上述低秩子空间,因此利用低秩约束可区分背景轨迹和运动目标轨迹。

2.2.2　运动轨迹分类方法

基于上节所述低秩约束,本章设计一种新的运动轨迹分类方法,方法包括投影矩阵的时域逐帧估计,以及运动轨迹的累积确认分类两个步骤。

1. 投影矩阵的时域逐帧估计

运动轨迹分类的关键是计算低秩子空间的投影矩阵,进而可根据运动轨迹相对于投影矩阵的误差对轨迹进行分类。由于低秩约束需要所有运动轨迹等长,而随着视频序列图像帧数目的增加,满足等长条件的运动轨迹逐渐减少,为此本章将视频序列划分为多个局部窗口,并在每个窗口内估计低秩子空间的投影矩阵。如图 2.1 所示,以 t 为间隔对图像帧数目为 T 的视频序列进行划分,并令所有窗口的投影矩阵集合为 $P=\{\boldsymbol{P}^m, m=1,2,\cdots,T-t\}$,其中 $\boldsymbol{P}^m$ 为第 $m(1\leqslant m\leqslant T-t)$ 个窗口内背景运动轨迹低秩子空间的投影矩阵。

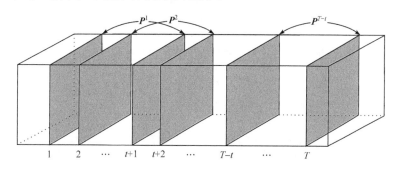

图 2.1　投影矩阵的时域逐帧估计示意图

本章采用随机抽样一致性(RANSAC)算法[18]计算每个窗口内的投影矩阵 $\boldsymbol{P}^m$,具体做法如下。

步骤 1,在第 m 个窗口内筛选等长的运动轨迹。

步骤 2,从等长运动轨迹中随机抽选三条轨迹 $\boldsymbol{q}_1$、$\boldsymbol{q}_2$ 和 $\boldsymbol{q}_3$ 作为低秩子空间的基轨迹,并计算此时低秩子空间的投影矩阵 $\boldsymbol{P}^m$,即

$$\boldsymbol{P}^m=\boldsymbol{W}(\boldsymbol{W}^T\boldsymbol{W})^{-1}\boldsymbol{W}^T \tag{2.3}$$

其中,$\boldsymbol{W}=\begin{bmatrix}\boldsymbol{q}_1 & \boldsymbol{q}_2 & \boldsymbol{q}_3\end{bmatrix}$。

步骤 3,根据已经计算的投影矩阵 $\boldsymbol{P}^m$,将窗口内的所有等长轨迹代入式(2.4),根据 $\boldsymbol{P}^m$ 计算投影误差 $f(\boldsymbol{q}_i|\boldsymbol{P}^m)$,并将误差小于给定阈值的运动轨迹放入有效支撑集合,即

$$f(\boldsymbol{q}_i|\boldsymbol{P}^m)=\|\boldsymbol{P}^m\boldsymbol{q}_i-\boldsymbol{q}_i\|^2 \tag{2.4}$$

步骤 4,重复步骤 2 和 3,经过多次随机采样,选择有效支撑集合中

轨迹数目最多的 $\boldsymbol{P}^m$ 作为最终的投影矩阵估计值。

2. 运动轨迹的累积确认分类

在上述随机抽样一致性算法框架中,可以根据投影误差 $f(\boldsymbol{q}_i | \boldsymbol{P}^m)$ 的大小区分背景轨迹和运动目标轨迹,然而由于物体运动的不规则性,部分窗口内的目标运动可能很小(如目标处于短暂静止的状态),若仅依据该段时间的运动信息,将会导致背景和运动目标无法区分。因此,为了利用更为丰富的运动信息,本章采用累积确认的策略对运动轨迹进行分类。

设运动轨迹 $\boldsymbol{q}_i$ 被持续跟踪的初始帧和结束帧标号为 t_i 和 T_i,即

$$\boldsymbol{q}_i = [x_{t_i}, y_{t_i}, \cdots, x_{T_i}, y_{T_i}]^T \in \mathbb{R}^{2(T_i - t_i + 1) \times 1} \qquad (2.5)$$

那么轨迹 $\boldsymbol{q}_i$ 在其跟踪周期内通过局部窗口的投影矩阵集合为

$$P_i = \{\boldsymbol{P}^m, m = t_i, \cdots, T_i - t\} \qquad (2.6)$$

则轨迹 $\boldsymbol{q}_i$ 通过 P_i 的平均投影误差为

$$\varepsilon_i = \frac{1}{T_i - t - t_i + 1} \sum_{m=t_i}^{T_i - t} f(\boldsymbol{q}_i^m | \boldsymbol{P}^m) = \frac{1}{T_i - t - t_i + 1} \sum_{m=t_i}^{T_i - t} \| \boldsymbol{P}^m \boldsymbol{q}_i^m - \boldsymbol{q}_i^m \|^2$$

$$(2.7)$$

其中,$\boldsymbol{q}_i^m$ 为 $\boldsymbol{q}_i$ 位于第 m 个窗口内的部分运动轨迹。

若 $\boldsymbol{q}_i$ 为背景轨迹,则其对应的平均投影误差 ε_i 应该较小;反之,若 $\boldsymbol{q}_i$ 为运动目标轨迹,则 ε_i 应较大,因此可通过 ε_i 的大小来区分各轨迹。在理想情况下,一般可以通过设定适当阈值来对运动轨迹进行分类,但在实际生成的运动轨迹中往往会存在错误,例如在背景和运动目标的边界区域常常会出现跟踪漂移,从而产生一些错误的运动轨迹。观察到这些跟踪错误轨迹的平均投影误差往往处于背景轨迹和运动目标轨迹之间,因此本章提出一种双阈值法去除这类跟踪错误的运动轨迹,使其不影响后续的像素一级目标分割计算,即

$$\boldsymbol{q}_i = \begin{cases} \text{背影轨迹,} & \varepsilon_i \leqslant \tau_L \\ \text{运动目标轨迹,} & \varepsilon_i \geqslant \tau_H \end{cases} \qquad (2.8)$$

其中,τ_L 和 τ_H 分别为运动轨迹分类的低阈值和高阈值。

2.3　视频序列过分割

通过上述步骤可获得轨迹一级的分割结果，然而由于运动轨迹的稀疏性，图像中的部分区域会出现轨迹缺失的情况，因此有必要在运动轨迹的基础上引入颜色信息。为了利用颜色信息，本章对视频序列的每帧图像进行过分割以得到多个不规则的超像素。超像素是局部图像像素的集合，可以保证区域内部颜色的相近性，以及区域之间颜色的差异性，并能较好的保留原图像的边界特征，因此相比于像素或者均匀分割生成的区域，更适合作为目标分割问题的基本单元。

本章采用文献[19]提出的算法对视频序列进行过分割，过分割后近邻超像素之间共同边界的灰度值反映超像素之间颜色信息的相似度[20]。设 r_p 和 r_q 为同帧图像中两个近邻超像素，其共同边界的灰度值为 $b_{pq} \in [0, 255]$，b_{pq} 越小，r_p 和 r_q 越趋于融为一体，即 r_p 和 r_q 的颜色越接近。从而，超像素 r_p 和 r_q 颜色的相似度可以用如下方式定义，即

$$s_{pq} = 1 - \frac{b_{pq}}{255} \tag{2.9}$$

2.4　马尔可夫随机场目标分割模型

为了获得像素一级的分割结果，可以以超像素为节点构建一个马尔可夫随机场模型[21]，该模型编码了运动轨迹分类信息和超像素之间颜色信息，求解该模型可实现对每个超像素的分类，从而得到最终像素一级的目标分割结果。

设 $\Re = \{r_1, r_2, \cdots, r_k\}$ 为视频序列过分割获得的超像素集合，$\psi(i)$ 为任意超像素 $r_i \in \Re$ 在同一视频帧的近邻集合，$L = \{l_1, l_2, \cdots, l_k\}$ 表示 $\Re$ 对应的分类标签集，其中 L 的每个元素取值为 $\{0, 1\}$，0 表示背景，1 表示运动目标。上述超像素集合、邻域关系，以及分类标签集构成一个马尔可夫随机场，并可通过求解能量函数最小化获得每个超像素的最优

分类。基于此,可以构建如下能量函数,即

$$\min_{L} \sum_{i=1}^{k} \sum_{c=0}^{1} \lambda_i \delta(l_i, c) f_c(r_i) + \sum_{i=1}^{k} \sum_{r_j \in \psi(i)} (1 - \delta(l_i, l_j)) g(r_i, r_j)$$

$$(2.10)$$

上述能量函数分为两部分:第一项为数据项,用于编码超像素与运动轨迹分类结果的匹配情况;第二项为正则项,目的是利用颜色信息约束超像素分类的连续性。δ 为 Dirac delta 函数;$f_c(r_i)$ 为超像素 r_i 属于类别 c 的惩罚函数;$\lambda_i \in \{0, 1\}$ 为每个超像素数据项的权重系数;$g(r_i, r_j)$ 为近邻超像素 r_i 和 r_j 不属于同一类别的惩罚函数。为了更好地将马尔可夫随机场模型应用到视频序列的目标分割中,结合运动轨迹信息,以及超像素颜色信息的特点,本章对数据项惩罚函数,以及正则项惩罚函数进行具体设计。

2.4.1　数据项惩罚函数

数据项惩罚函数 $f_c(r_i)$ 用于反映超像素分类结果与运动轨迹分类结果的符合程度。如果某个超像素被赋予更加符合运动轨迹的标签,那么它将对应较小的惩罚值,从而使得能量函数更小。在本章,超像素对某个类别的符合程度可通过区域内部该类别轨迹点所占的比例来衡量。设 $N_{i,c}$ 为超像素 r_i 内部类别为 c 的轨迹点数目,则惩罚函数 $f_c(r_i)$ 可以定义为

$$f_c(r_i) = 1 - \frac{N_{i,c}}{\sum_{c=0}^{1} N_{i,c}}$$

$$(2.11)$$

由于运动轨迹的稀疏性,部分超像素内部可能没有轨迹点。此外,在背景和运动目标的边界区域,部分超像素的背景轨迹点和目标轨迹点数目可能很接近。在上述两种情况下,惩罚函数 $f_c(r_i)$ 的计算是不可靠的,应该利用颜色信息对超像素进行分类,即正则项将起主导作用;对于其余超像素,则由数据项(运动轨迹信息)和正则项(颜色信息)共同决定超像素的分类。为此,本章引入数据项权重系数 $\lambda_i \in \{0, 1\}$。

为了确定每个超像素数据项权重系数 λ_i 的取值,可以将已分类的

运动轨迹点转化为类别一致性区域。首先,在运动轨迹点基础上构建 Delaunay 三角网[22],若三角形的三个顶点类别相同,则认为该三角形内部具有一致性,据此可获得类别一致性区域;然后,计算每个超像素与两类区域的面积重合比例,并确定重合比例的最大值;最后,根据阈值确定 λ_i 的取值。设 $A_{i,c}$ 为超像素 r_i 与类别为 c 的一致性区域的重合区域面积,A_i 为 r_i 的面积,则权重系数 λ_i 可通过如下方式确定,即

$$\lambda_i = \begin{cases} 1, & \max_{c=0,1} \dfrac{A_{i,c}}{A_i} \geqslant 0.6 \\ 0, & \text{其他} \end{cases} \tag{2.12}$$

图 2.2 以 vperson 视频序列[14]的第 49 帧图像为例,详细解释权重系数 λ_i 的计算过程。在图 2.2(a)中,亮白色(背景)和暗黑色(运动目标)像素点分别为已分类的背景轨迹点和运动目标轨迹点。图 2.2(b)为依据上述轨迹点建立的 Delaunay 三角网,其中顶点类别一致的三角形分别用亮白色和暗黑色显示。图 2.2(c)为将类别一致三角形转化为类别一致性区域(背景一致性区域和运动目标一致性区域)的实验结果。图 2.2(d)以灰度图的形式显示了每个超像素与类别一致性区域面积重合比例的最大值,其中灰度值的高低反映面积重合比例的大小。图 2.2(e)以二值图的形式显示了每个超像素 λ_i 的取值。

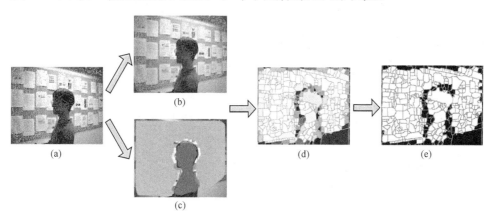

图 2.2　数据项权重系数 λ_i 的计算过程

2.4.2　正则项惩罚函数

正则项惩罚函数的目的是利用颜色信息约束相邻超像素之间的分类相似性。由于图像中各区域的颜色是平滑渐变的,因此相邻超像素应具有相似的分类标签,即若超像素与其近邻超像素类别不一致,则正则项将对应一定的惩罚值,并且相邻超像素的颜色相似性越高,该惩罚值越大。基于以上考虑,正则项的惩罚函数可定义为

$$g(r_i,r_j)=\exp\left[-\frac{\parallel c_i-c_j\parallel^2}{10^2}\right]\cdot\exp\left[-\frac{(1-s_{ij})^3}{0.1^2}\right],\quad r_j\in\psi(i)$$

$$(2.13)$$

其中,c_i 和 c_j 为超像素 r_i 和 r_j 的质心坐标;$s_{ij}\in[0,1]$代表超像素 r_i 和 r_j 颜色信息的相似度,可通过式(2.9)计算。

上式反映两个超像素颜色越接近,质心几何距离越小,两个超像素的相似程度越高,其对应的惩罚值也越大。

对每个超像素建立惩罚函数后,通过图割方法[23,24]求解式(2.10)所示的目标函数,可以得到每个超像素的最优分类结果。

综上所述,本章提出的基于多组低秩约束的主动相机运动分割算法具体步骤总结如下。

算法1　基于多组低秩约束的主动相机运动分割算法

输入:视频序列,图像帧数目 T,局部窗口间隔 t,阈值 τ_L 和 τ_H

运动轨迹分类

　1:计算视频序列的运动轨迹 $q=\{q_i,i=1,2,\cdots,n\}$

　2:估计投影矩阵集合 $P=\{P^m,m=1,2,\cdots,T-t\}$

　3:for $i=1,2,\cdots,n$ do

　　　利用式(2.6)选择轨迹 q_i 通过的投影矩阵集合 P_i

　　　利用式(2.7)计算轨迹 q_i 的平均投影误差 ε_i

　　 end for

　4:利用式(2.8)对运动轨迹进行分类

视频序列过分割

　5:利用过分割方法获取超像素集合 $\Re=\{r_1,r_2,\cdots,r_k\}$

　6:利用式(2.9)计算超像素之间颜色信息的相似度

超像素分类

   7：for $i=1,2,\cdots,k$ do

      利用式(2.11)~式(2.13)计算超像素 r_i 的 $f_c(r_i),\lambda_i,g(r_i,r_j)$

     end for

   8：利用图割算法求解式(2.10)所示能量函数

输出：视频序列每帧图像的像素一级目标分割结果

2.5　实验结果及其分析

为了验证本章提出算法的性能,我们在大量公开发布的视频序列上进行了测试实验,并以 5 帧为间隔对每个视频进行了人工标注,从而获得真实的背景和运动目标区域。实验所用视频序列的相关信息如表 2.1 所示。实验中,局部窗口间隔 $t=10$,运动轨迹分类阈值 $\tau_L=0.01,\tau_H=0.05$。为了验证算法的有效性,从运动轨迹分类和像素一级目标分割两方面测试本章算法。

表 2.1　实验所用视频序列的相关信息

序列	文献	尺寸×帧×Frames	注释	描述
cars3	[25]	[640,480]×19	5 frames	outdoor scene；two cars
cars4	[25]	[640,480]×54	12 frames	outdoor scene；one car and one person
cars6	[25]	[640,480]×30	7 frames	outdoor scene；one car
cars7	[25]	[640,480]×24	6 frames	outdoor scene；one car
people1	[25]	[640,480]×40	9 frames	outdoor scene；one person
people2	[25]	[640,480]×30	7 frames	outdoor scene；two persons
vcar	[14]	[640,480]×201	41 frames	outdoor scene；two cars
vperson	[14]	[640,480]×101	21 frames	indoor scene；one person
backyard	[8]	[320,240]×181	37 frames	outdoor scene；one person

2.5.1　运动轨迹分类实验结果

图 2.3 列出了本章算法运动轨迹分类的部分实验结果,其中第一列为视频序列的一帧原始图像;第二列显示第一列图像对应的运动轨

迹点;第三列为本章算法的运动轨迹分类结果,其中背景轨迹点和目标轨迹点分别用亮白色和暗黑色显示。在图 2.3(a)中,视频序列同时包含运动行人和车辆,并且运动行人在视频中间阶段初始进入摄像机视野,场景相对复杂。从实验结果可以看出,本章方法可以正确分离出行人和车辆两个运动目标的运动轨迹。图 2.3(b)为室内行人监控视频,场景中运动行人正在向摄像机方向不断靠近,由于行人运动过程中存在一定的尺度变化,并且行人穿着衣物与背景颜色也比较接近,导致提取的运动轨迹中包含部分跟踪错误的噪声轨迹。由于本章采用一种双阈值法对运动轨迹进行分类,使上述跟踪错误的噪声轨迹得到了有效的滤除,因此仍然获得了较为理想的实验结果。图 2.3(c)是由主动相机拍摄的广场监控视频,在这帧图像中,运动行人正处于转身的过程,因此身体有一部分处于短暂静止的状态。本书方法由于使用累积确认的策略,即利用了前后多帧的运动信息,因此可以有效区分出处于短暂静止状态下的运动目标。

图 2.3　运动轨迹分类的实验结果

为了定量地衡量算法性能,我们利用如下指标[26]进行客观评价。

① TP(true positives):被正确分类的目标轨迹点数目。

② FP(false positives):被错误分类为目标的背景轨迹点数目。

③ TN(true negatives):被正确分类的背景轨迹点数目。

④ FN(false negatives):被错误分类为背景的目标轨迹点数目。

⑤ PCC(percentage of correct classification):(TP+TN)/(TP+FP+TN+FN),被正确分类的背景轨迹点和目标轨迹点所占比例。

利用上述评价指标对本章算法进行评估,可以得到如表 2.2 所示的结果。从实验结果可以看出,本章设计的运动轨迹分类方法具有较高的准确率,从而为下一步的像素一级目标分割奠定了基础。

表 2.2　运动轨迹分类的定量评估

序列	TP	FP	TN	FN	PCC/%
cars3	1398	77	13245	0	99.48
cars4	611	96	15535	2	99.40
cars6	406	17	13869	0	99.88
cars7	391	69	13995	0	99.52
people1	247	9	15017	2	99.93
people2	664	8	13337	1	99.94
vcar	387	54	14893	1	99.65
vperson	1533	52	13323	21	99.51
backyard	57	5	3273	2	99.81
mean	633	43	12943	3	99.68

2.5.2　像素一级目标分割实验结果

本节利用如表 2.1 所示的 9 组视频序列对本章算法进行整体测试,并与 Ochs 等[11]提出的基于变分的目标分割方法(本章称为 Ochs 算法)进行对比,该方法是公认效果较好的动态背景下视频序列目标分割算法。图 2.4 列出了部分实验结果,其中第一列为理想结果(ground truth),第二列为 Ochs 算法的目标分割结果,第三列为本章算法的实验结果,图中背景区域用暗黑色显示,目标区域保持原有颜色。

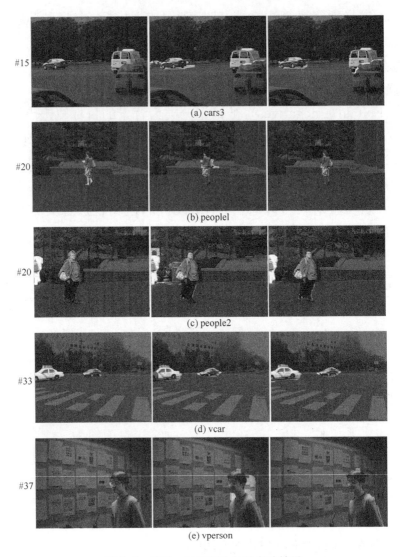

(a) cars3

(b) peoplel

(c) people2

(d) vcar

(e) vperson

图 2.4　像素一级目标分割的实验结果

　　同时，我们还将本章算法与 Ochs 算法进行了定量对比，并采用广泛应用的查准率（Precision）、查全率（Recall）和综合评价指标（F-measure）进行度量。这三个评价准则的定义为

$$\begin{cases} \text{Precision} = \dfrac{\text{TP}}{\text{TP}+\text{FP}} \\[2mm] \text{Recall} = \dfrac{\text{TP}}{\text{TP}+\text{FN}} \\[2mm] \text{F-measure} = 2 \cdot \dfrac{\text{Precision} \cdot \text{Recall}}{\text{Precision}+\text{Recall}} \end{cases} \qquad (2.14)$$

表 2.3 显示了本章算法与 Ochs 算法在上述三个评价准则上的详细对比情况。从实验结果可以看出,对于 cars6 视频序列,本章算法的查全率略低于 Ochs 算法,但查准率则明显高于比较算法,因此总体而言本章算法的分割准确率更高;对于其他视频序列,本章提出的算法在三个评价指标上都要优于 Ochs 算法。

表 2.3　目标分割正确率的性能对比

序列	Ochs 算法			本章算法		
	Precision	Recall	F-measure	Precision	Recall	F-measure
cars3	0.774	0.904	0.834	0.853	0.943	0.896
cars4	0.801	0.843	0.822	0.833	0.914	0.872
cars6	0.824	0.974	0.893	0.884	0.958	0.920
cars7	0.764	0.948	0.846	0.771	0.978	0.863
people1	0.890	0.775	0.829	0.945	0.832	0.885
people2	0.917	0.892	0.904	0.960	0.897	0.927
vcar	0.774	0.910	0.837	0.787	0.959	0.865
vperson	0.697	0.934	0.799	0.914	0.945	0.929
backyard	0.871	0.790	0.829	0.923	0.817	0.867
mean	0.813	0.886	0.844	0.875	0.916	0.892

综合图 2.4 和表 2.3 所示的结果,无论场景中是单目标还是多目标,以及无论场景中目标是刚体运动,还是非刚体运动,本章提出的算法在运动目标分割掩膜的完整性、运动目标分割的准确性上都要优于 Ochs 算法。此外,对于不同的视频序列,本章算法的综合评价指标均在 85% 以上,说明本章算法性能稳定,对于不同的视频序列均具有较好的目标分割效果。

参 考 文 献

［1］ Li W,Chang H,Lien K,et al. Exploring visual and motion saliency for automatic video object extraction［J］. IEEE Transactions on Image Processing,2011,22(7):2600-2609.

［2］ Zhang D,Javed O,Shah M. Video object segmentation through spatially accurate and temporally dense extraction of primary object regions［C］// Proceedings of the IEEE Conference on Computer Vision and Pattern Recognition,2013:628-635.

［3］ Stauffer C,Grimson W. Adaptive background mixture models for real-time tracking［C］// Proceedings of IEEE Computer Society Conference on Computer Vision and Pattern Recognition,1999:246-252.

［4］ Kim K,Chalidabhongse T,Harwood D,et al. Real-time foreground-background segmentation using codebook model［J］. Real-Time Imaging,2005,11(3):172-185.

［5］ Maddalena L,Petrosino A. A self-organizing approach to background subtraction for visual surveillance applications ［J］. IEEE Transactions on Image Processing, 2008, 17 (7): 1168-1177.

［6］ Xue K,Liu Y,Ogunmakin G,et al. Panoramic Gaussian mixture model and large-scale range background subtraction method for ptz camera-based surveillance systems［J］. Machine Vision and Application,2012,11(4):1-16.

［7］ Kim S,Yun K,Yi K,et al. Detection of moving objects with a moving camera using non-panoramic background model［J］. Machine Vision and Application,2013,24(5):1015-1028.

［8］ Ferone A,Maddalena L. Neural background subtraction for pan-tilt-zoom cameras［J］. IEEE Transactions on Systems,Man,and Cybernetics:Systems,2013,43(6):1265-1278.

［9］ Brox T,Malik J. Object segmentation by long term analysis of point trajectories［C］// Proceedings of the 11th European Conference on Computer Vision,2010:282-295.

［10］ Dey S,Reilly V,Saleemi I,et al. Detection of independently moving objects in non-planar scenes via multi-frame monocular epipolar constraint［C］// Proceedings of the 12th European Conference on Computer Vision,2012:860-873.

［11］ Ochs P,Brox T. Object segmentation in video:a hierarchical variational approach for turning point trajectories into dense regions［C］// Proceedings of IEEE International Conference on Computer Vision,2011:1583-1590.

［12］ Cui Z,Li A,Feng G. A moving object detection algorithm using multi-frame homography constraint and markov random fields model［J］. Journal of Computer-Aided Design & Computer Graphics,2015,27(4):621-632.

［13］ 崔智高,李艾华,冯国彦. 动态背景下融合运动线索和颜色信息的视频序列目标分割算法［J］. 光电子·激光,2014,25(8):1548-1557.

［14］ Sand P,Teller S. Particle video:long-range motion estimation using point trajectories［J］.

International Journal of Computer Vision,2008,80(1):72-91.

[15] Sundaram N,Brox T,Keutzer K. DensePoint Trajectories by GPU-Accelerated Large Displacement Optical Flow[M]. Heidelberg:Springer,2010.

[16] Hartley R,Zisserman A. Multiple View Geometry in Computer Vision[M]. Cambridge: Cambridge University Press,2004.

[17] Tomasi C,Kanade T. Shape and motion from image streams under orthography:a factorization method[J]. International Journal of Computer Vision,1992,9(2):137-154.

[18] Fischler M,Bolles R. Random sample consensus:a paradigm for model fitting with applications to image analysis and automated cartography[J]. Communications of the ACM,1981, 24(6):381-395.

[19] Arbelaez P,Maire M,Fowlkes C,et al. Contour detection and hierarchical image segmentation[J]. IEEE Transactions on Pattern Analysis and Machine Intelligence,2011,33(5):898-916.

[20] Shi J,Malik J. Normalized cuts and image segmentation[J] IEEE Transactions on Pattern Analysis and Machine Intelligence,2000,22(8):888-905.

[21] Rother C,Kolmogorov V,Lempitsky V,et al. Optimizing binary MRFs via extended roof duality[C]// IEEE Computer Society Conference on Computer Vision and Pattern Recognition,2007:73-81.

[22] Fragkiadaki K,Zhang G,Shi J. Video segmentation by tracing discontinuities in a trajectory embedding[C]// IEEE Computer Society Conference on Computer Vision and Pattern Recognition,2012:1846-1853.

[23] Boykov Y,Veksler O,Zabih R. Fast approximate energy minimization via graph cuts[J]. IEEE Transactions on Pattern Analysis and Machine Intelligence,2001,23(11):1222-1239.

[24] Rother C,Kolmogorov V,Blake A. Grabcut:interactive foreground extraction using iterated graph cuts[J]. ACM Transactions on Graphics,2004,23:309-314.

[25] Tron R,Vidal R. A benchmark for the comparison of 3D motion segmentation algorithms [C]// Proceedings of IEEE Computer Society Conference on Computer Vision and Pattern Recognition,2007:1-8.

[26] Elhabian S,Sayed K,Ahmed S. Moving object detection in spatial domain using background removal techniques-start-of-art[J]. Recent Patents on Computer Science,2008,1(1):32-54.

第3章　基于光流场分析的主动相机运动分割算法

3.1　引　　言

基于运动线索的方法是主动相机运动目标分割的主流方法[1-3]，此类方法一般以视频序列获得的像素点运动轨迹作为运动线索的基本载体。例如，Lee 等[4]首先根据像素点运动轨迹确定类似目标的候选关键区域，然后计算候选关键区域的二值化分割，从而获得具有稳定外观和持续运动的假设组，最后使用已被排序的假设组得到所有帧像素级的目标分割结果，该算法的不足之处在于其准确率对物体的外观假设和位置先验依赖较大。Li 等[5]通过条件随机场模型将利用像素点运动轨迹获得的目标内部稀疏像素点进行有效集成，算法不需要通过任何训练数据来获取先验知识和条件假设，能够鲁棒处理前景目标形状和姿态的任意变化，但是该方法在运动轨迹稀疏区域会出现大块的误分割。Zhang 等[6]首先根据运动目标的空间连续性和运动轨迹的局部平滑性建立目标样本集，然后利用所有的目标样本集建立层状有向无环图，图中最长的路径满足运动评分函数最大且代表可能性最大的目标样本，最后这些目标样本被用于建立目标和背景的混合高斯模型，并利用最优化图割方法求解模型获取准确的像素级分割结果，该算法要求每个环节中的参数设置都必须准确合理，一般在实际场景分割中较难实现。Cui 等[7]首先利用多组单应约束对背景运动进行建模，然后通过累积确认策略实现前背景轨迹的准确分离，最后将轨迹分离信息和超像素的时空邻域关系统一建模在以超像素为节点的马尔可夫随机场模型中，求解模型得到最终的前背景标记结果，该算法的计算复杂度较高，并且在前背景的边缘区域会出现较大的误检率。

众所周知，像素点运动轨迹的提取基于帧间获取的光流场[8,9]，即首先求得帧间光流场，然后利用匹配方法[10-12]获得像素点之间的匹配对应,因此若直接以帧间光流场作为运动线索的基本载体,则可以有效避免匹配过程中的误差累积和时间消耗。

　　基于上述思想,本章提出一种基于光流场分析的主动相机运动目标分割算法[13]。算法首先利用光流的梯度幅值和矢量方向确定前景目标的大致边界,然后根据点在多边形内部原理获得边界内部的稀疏像素点,最后以超像素为节点构建马尔可夫随机场模型的目标能量函数,利用混合高斯模型构建数据项,利用超像素时空邻域关系构建平滑项,并通过使目标函数能量最小化得到最终的运动目标分割结果。本章所提算法不需要物体运动和场景估计的先验假设,并且在静态场景和动态场景下均能实现准确、鲁棒的运动目标分割。

3.2　基于光流梯度幅值和光流矢量方向的目标边界分割

　　对于主动相机捕获的视频序列,背景对应的光流场是由背景运动产生的,而目标所对应的光流场则是上述运动与场景中目标运动叠加产生的,二者的光流矢量存在较大差异,因此可通过对光流矢量的分析确定背景与目标的大致边界。

　　基于上述思想,本章提出一种基于光流梯度幅值和光流矢量方向的目标边界分割方法。首先,利用文献[14]提出的算法计算视频序列的光流场,若视频序列包括 N 帧图像,则第 t 帧图像坐标 (u,v) 处的光流场矢量可表示为 $f_t(u,v)$,其中 $1 \leqslant t \leqslant N-1$。本章把获得的光流场分为由主动相机运动产生的背景光流场和由运动物体产生的目标光流场。本节的目标就是通过对光流梯度幅值和光流矢量方向的分析,获得背景光流场和目标光流场的大致边界。

3.2.1　光流梯度幅值确定边界

　　尽管目标运动和背景运动具有较大差异性,但目标内部像素点的运动或背景内部像素点的运动则具有高度一致性,具体表现在目标与背景边缘区域光流矢量梯度的幅值是较大的,其余区域则接近 0。因此,可以通过设置合适阈值,将梯度幅值超过阈值的像素点确定为边界

点。基于上述分析,本章引入目标边界强度系数 $s_t^m(u,v) \in [0,1]$,即

$$s_t^m(u,v) = \frac{e^{\eta_m \| \nabla f_t(u,v) \|} - 1}{e^{\eta_m \| \nabla f_t(u,v) \|}} \qquad (3.1)$$

其中,$\| \nabla f_t(u,v) \|$ 表示像素点 $f_t(u,v)$ 的光流梯度幅值;η_m 表示将 $s_t^m(u,v)$ 控制在 $[0,1]$ 的参数。

3.2.2　光流矢量方向确定边界

背景内部像素点或目标内部像素点的光流矢量方向基本趋于一致,而在背景与目标的边界区域,光流矢量方向的差异则较为明显。因此,可将当前像素点的光流矢量方向与其 8 邻域像素点的光流矢量方向作比较,获取最大的夹角值,并将夹角超过阈值的像素点确定为边界点。基于上述分析,本章引入另一个目标边界强度系数 $s_t^a(u,v) \in [0,1]$,即

$$s_t^a(u,v) = \frac{e^{\eta_a \max \theta(f_t(u,v),\Phi_t(u,v))} - 1}{e^{\eta_a \max \theta(f_t(u,v),\Phi_t(u,v))}} \qquad (3.2)$$

其中,$\max \theta(f_t(u,v),\Phi_t(u,v))$ 表示像素点 $f_t(u,v)$ 与其 8 邻域像素点集合 $\Phi_t(u,v)$ 的最大夹角;η_a 表示将 $s_t^a(u,v)$ 控制在 $[0,1]$ 的参数。

一般情况下,利用上述的其中一种强度系数即可实现目标边界的分割,但在实际场景中往往存在各种噪声的干扰。为了提高鲁棒性,本章将光流梯度幅值确定的边界和光流矢量方向确定的边界进行融合处理,并通过阈值判断得到目标边界的二值图,即

$$s_t(u,v) = \begin{cases} 1, & s_t^m(u,v) \cdot s_t^a(u,v) \geqslant \eta \\ 0, & \text{其他} \end{cases} \qquad (3.3)$$

其中,1 代表边界点;0 代表非边界点;阈值 η 取值范围为 $[0,1]$。

3.3　基于点在多边形内部原理的目标像素点判断

在理想情况下,通过上述步骤获得的目标边界应与目标实际轮廓重合,但由于图像噪声、光流估计误差、阈值判断等多种因素的影响,二者的边界曲线往往存在较大误差,并且经过上述步骤获得的目标边界

通常不是闭合的。图 3.1 给出了一个具体的例子,其中图 3.1(a)为 people2 视频序列[15]中的第 3 帧图像,图 3.1(b)为其对应的目标实际轮廓,图 3.1(c)为利用基于光流梯度幅值和光流矢量方向的目标边界分割方法得到的目标边界。

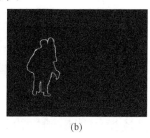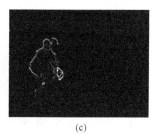

(a)　　　　　　　　　　　　(b)　　　　　　　　　　　　(c)

图 3.1　目标边界分割结果示例

为了解决上述问题,本章利用点在多边形内部原理确定目标内部的像素点。其核心思想是从一点出发沿水平或垂直方向引出一条射线,若该射线与多边形边的交点数目为奇数,则判断该点在多边形内部,否则判断该点在多边形外部。基于上述点在多边形内部原理,本章将每个像素点间隔 $45°$,分别从 8 个方向引出射线,若 8 个方向引出射线与目标边界交点为奇数的方向超过 5 个,则认为该点在目标边界内部,从而得到目标内部稀疏的像素点。上述方法通过多个方向的综合判断得到像素点的位置,可以有效避免部分边界不连续或者图像噪声造成的误判断,增强算法的准确性和鲁棒性。图 3.2 为图 3.1 所示图像对应的目标内部像素点,其中目标内部像素点以白色星形显示。

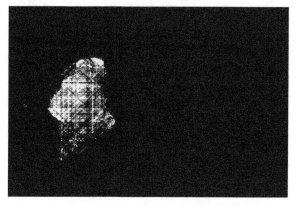

图 3.2　目标内部像素点分割的实验结果

3.4　基于时空马尔可夫随机场模型的前背景像素标记

通过上述步骤只能获得稀疏的目标像素点。为了进一步对每个像素信息进行前背景标记,首先利用 SLIC 算法[16,17]对视频序列进行过分割得到超像素集合,然后以超像素为节点构建时空马尔可夫随机场模型的能量函数,最后通过使能量函数最小化得到最终的前背景像素标记结果。

3.4.1　时空马尔可夫随机场模型能量函数设计

设第 t 帧图像对应的超像素集合为 $\Re_t$,则 $\Re_t$ 中的每个索引为 i 的超像素 r_t^i 对应一个分类标签 $l_t^i \in \{0,1\}$,0 表示背景,1 表示前景目标。此时,以超像素为节点可构建时空马尔可夫随机场模型的能量函数,即

$$E(L) = \sum_{t,i} \sum_{c=0}^{1} A_t^c(r_t^i) + \sum_{t,i} \sum_{r_t^j \in \psi(r_t^i)} S_t^{i,j}(r_t^i, r_t^j) + \sum_{t,i} \sum_{r_{t+1}^j \in \zeta(r_t^i)} T_t^{i,j}(r_t^i, r_{t+1}^j)$$

$$(3.4)$$

其中,$L = \{l_t^i\}_{t,i}$ 表示视频序列所有超像素的标记结果;$\psi(r_t^i)$ 和 $\zeta(r_t^i)$ 代表超像素 r_t^i 的空域近邻集合和时域近邻集合;$A_t^c(\cdot)$、$S_t^{i,j}(\cdot)$ 和 $T_t^{i,j}(\cdot)$ 分别表示数据项、空域平滑项和时域平滑项势能函数。

3.4.2　数据项势能函数设计

数据项势能函数反映超像素标记结果与 3.3 节获得的目标内部像素点的符合程度。基于此,首先计算每帧图像超像素 r_t^i 包含已获得的目标内部像素点的比例系数 p_t^i,并将该比例与两个设定阈值进行比较,从而将超像素初步分类为前景超像素和背景超像素,即

$$r_t^i = \begin{cases} \text{前景超像素,} & p_t^i \geqslant T_1 \\ \text{背景超像素,} & p_t^i \leqslant T_2 \end{cases}$$

$$(3.5)$$

然后,利用包含超像素均值颜色和质心坐标的 5 维向量代表每个前景超像素,并通过所有前景超像素为每帧图像构建前景混合高斯表观模型 g_t^1。考虑到比例系数 p_t^i 越大,其属于前景超像素的概率越高,

在混合高斯模型中的贡献也应更大,为此在构建前景混合高斯表观模型时,为每个前景超像素引入权重系数 λ_t^i,即

$$\lambda_t^i = \frac{p_t^i}{\sum_i p_t^i} \tag{3.6}$$

背景混合高斯表观模型 g_t^0 的估计与上述过程类似,只是权重系数 λ_t^i 表示为

$$\lambda_t^i = \frac{1 - p_t^i}{\sum_i (1 - p_t^i)} \tag{3.7}$$

在每帧图像估计出前景和背景混合高斯表观模型后,可计算出该帧图像中每个超像素对应数据项的势能函数 $A_t^c(r_t^i)$,即

$$A_t^c(r_t^i) = -\log(g_t^c(r_t^i)) \cdot \delta(l_t^i, c) \tag{3.8}$$

其中,$\delta(\cdot)$ 为 Kronecker delta 函数。

上式表明,如果某个超像素被赋予更加符合其表观模型的标签,那么它的数据项势能函数将更小,从而使整体能量函数最小。

3.4.3　平滑项势能函数设计

平滑项势能函数用于编码相邻超像素之间的标记连续性,又可分为空域平滑势能函数和时域平滑势能函数两类。在空域平滑方面,考虑到同帧图像中各区域颜色是平滑渐变的,因此相邻超像素应具有相同的分类标签。若设超像素 r_t^i 和其空域近邻超像素 $r_t^j \in \psi(r_t^i)$ 的质心坐标分别为 c_t^i 和 c_t^j,均值颜色分别为 h_t^i 和 h_t^j,那么空域平滑势能函数可定义为

$$S_t^{i,j}(r_t^i, r_t^j) = (1 - \delta(l_t^i, l_t^j)) \cdot \frac{1}{\| c_t^i - c_t^j \|} \cdot \frac{1}{e^{\| h_t^i - h_t^j \|}} \tag{3.9}$$

在时域平滑方面,考虑视频序列的连续性,时域近邻的超像素也应具有相同的分类标签。若设超像素 r_t^i 经过帧间光流补偿在后一帧图像的映射区域[18,19]与 r_t^i 时域近邻超像素 $r_{t+1}^i \in \zeta(r_t^i)$ 的重合面积为 $Q(r_t^i, r_{t+1}^i)$,超像素 r_{t+1}^i 的均值颜色为 h_{t+1}^i,那么时域平滑势能函数可定义为

$$T_t^{i,j}(r_t^i, r_{t+1}^i) = (1 - \delta(l_t^i, l_{t+1}^i)) \cdot Q(r_t^i, r_t^j) \cdot \frac{1}{e^{\| h_t^i - h_{t+1}^i \|}} \quad (3.10)$$

对每个超像素建立势能函数后,利用图割算法[20,21]求解下式能量函数最小化问题,可以得到每个超像素的最优分类结果,即

$$L^* = \underset{L}{\arg\min}\, E(L) \quad (3.11)$$

将上述时空马尔可夫随机场模型应用到如图 3.2 所示的图像中,可以得到如图 3.3 所示的结果。图中超像素之间的边界用白色线段表示,背景区域用深灰色表示,运动目标区域则保持原有颜色。

图 3.3　运动目标分割结果示例

综上所述,基于光流场分析的主动相机运动分割算法具体步骤如下。

算法 1　基于光流场分析的主动相机运动分割算法

输入:视频序列,图像帧数目 N

目标边界分割

　1:计算每帧图像的光流场 $f_t(u,v)$,$1 \leqslant t \leqslant N-1$

　2:for $t = 1:N-1$ do

　　　利用式(3.1)计算光流梯度幅值确定的目标边界强度系数 $s_t^m(u,v)$

　　　利用式(3.2)计算光流矢量方向确定的目标边界强度系数 $s_t^a(u,v)$

　　　利用式(3.3)确定得到目标边界的二值图 $s_t(u,v)$

---

　　　　end for

目标内部像素点判断

　　3：for $t=1:N-1$ do

　　　　利用点在多边形内部原理确定目标内部像素点

　　　　end for

前背景像素标记

　　4：视频序列过分割得到超像素集合 $\sum_{t,i} r_i^t$

　　5：for $t=1:N-1$ do

　　　　利用式(3.5)～式(3.8)计算超像素 r_i^t 对应的数据项势能函数 $A_i^t(r_i^t)$

　　　　利用式(3.9)和式(3.10)计算超像素 r_i^t 对应的空域平滑项势能函数 $S_i^{i,j}(r_i^t,r_i^t)$

　　　　和时域平滑项势能函数 $T_i^{i,j}(r_i^t,r_i^{t+1})$

　　　　end for

　　6：利用图割算法求解式(3.11)所示能量函数最小化问题

输出：视频序列每帧图像的前背景二值标记

3.5　实验结果及其分析

　　本章选择多个公开发布的视频序列进行实验测试。实验数据分别来自标准视频库中的 Cat 和 Dog 序列, Hopkins 155 数据集[22]的 cars1-cars4 序列, Sand 等[23]提供的 vperson 和 vcar 序列, 以及 Changedetection. net 数据集中[24]的 Highway 和 Lab 序列, 选取视频包含多种复杂场景中的刚体和非刚体运动, 具有较好的代表性。此外, 选取视频中 Highway 序列和 Lab 序列为静止相机拍摄的视频序列, 其余则为手持式相机拍摄的视频序列, 可验证本章方法在主动相机静止(对应于静态背景)和运动(对应于动态背景)两种情况下的有效性。

　　采用广泛使用的查准率(PR)、查全率(RE)和综合评价(FM)[25]对所提算法进行评价, 并与主模块算法(KS)[4]、视觉和运动显著算法(VMS)[5]和单应模型约束算法(HC)[7]进行定性和定量对比, 结果如图 3.4 和表 3.1 所示。实验取 $\eta_m=0.7, \eta_a=0.4, \eta=0.1$, 超像素初步分类参数 T_1 和 T_2 分别为 0.2 和 0.001。

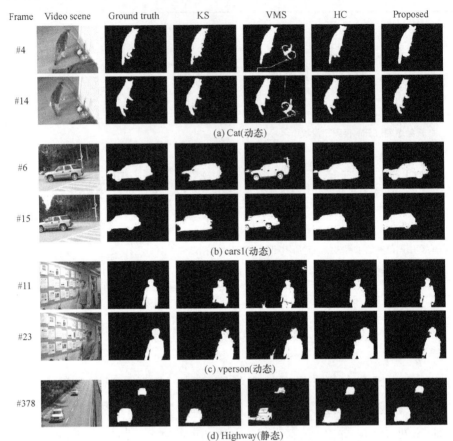

图 3.4　四种算法在不同场景下的前景分割结果

表 3.1　四种算法的定量评估

Video	KS			VMS			HC			本章算法		
	PR	RE	FM	PR	RE	FM	PR	RE	FM	PR	RE	FM
Cat	0.862	0.897	0.879	0.806	0.920	0.859	0.874	0.926	0.899	0.885	0.932	0.908
Dog	0.898	0.927	0.912	0.894	0.953	0.923	0.904	0.937	0.920	0.916	0.944	0.930
cars1	0.816	0.685	0.745	0.899	0.788	0.840	0.843	0.957	0.896	0.923	0.906	0.914
cars2	0.884	0.781	0.829	0.832	0.883	0.857	0.831	0.917	0.872	0.864	0.897	0.880
cars3	0.902	0.803	0.850	0.824	0.902	0.861	0.852	0.950	0.898	0.892	0.925	0.908
cars4	0.883	0.797	0.838	0.845	0.915	0.879	0.838	0.918	0.876	0.875	0.910	0.892
vperson	0.870	0.715	0.785	0.827	0.842	0.834	0.836	0.855	0.845	0.902	0.884	0.893
vcar	0.904	0.763	0.828	0.798	0.894	0.843	0.786	0.928	0.851	0.928	0.866	0.896
Highway	0.916	0.542	0.681	0.805	0.712	0.756	0.883	0.814	0.847	0.868	0.915	0.891
Lab	0.882	0.827	0.854	0.873	0.795	0.832	0.892	0.858	0.875	0.873	0.902	0.887

　　如图 3.4 所示,不同场景下各种算法都可以大致分割出感兴趣的目标区域,但在分割的准确度上有所差异。对比可以发现,主模块算法 KS 虽然分割得到了前景目标的主体内容,但在目标的完整性上,误检区域较为明显,例如 cars1 场景中前轮胎区域和迎面驶来的小汽车的漏检,以及在静态场景 Highway 中未分割出第二辆行驶的小汽车;视觉和运动显著性算法 VMS 分割出的目标轮廓相对清晰,但当运动目标旁边存在颜色相似的物体或者场景中含有视觉上较为突出的目标时,也会出现明显的误检,表现为在 Cat 场景中误检了场景中的两只碗,同时猫的腿部白色区域出现了局部漏检,在其他场景中也部分出现了上述问题;单应性算法 HC 的分割结果相对完整,但目标的过分割导致边界不清楚,例如 cars1 和 Highway 场景中将车身与阴影融为了一体。除此之外,该算法在操作过程中需要计算大量运动轨迹,计算复杂度较高。相比前三种算法,本章方法在综合性能上更为优越,算法采用光流梯度幅值和光流矢量方向两种方法来确定目标的边界,在不同场景下得到的目标轮廓都较为清晰准确,并且可以消除部分运动阴影的影响。另外,算法利用前背景的表观信息建立混合高斯模型,使得分割的结果更加完整准确。

　　从表 3.1 数据可以看出,不同场景下算法的查准率和查全率多数高于其他算法,表明所提算法对前景目标的分割准确性明显提升,综合评价指标值也稳居最高,且基本达到 90% 左右,更充分说明本章算法具有非常好的鲁棒性,能够广泛适用于不同场景下的运动目标分割。

　　为进一步说明算法在处理速度上的优势,同样在上述 10 组视频序列上进行对比实验,得到 4 种算法在所有视频帧上的平均处理时间,结果如表 3.2 所示。值得注意的是,基于运动线索的主动相机运动分割的输入通常是像素点运动轨迹或帧间光流场,目前二者的计算度非常高,尚不能满足实时要求,这也是限制运算速度的主要因素,若要提高处理速度,可采用 GPU 加速的光流场或像素点运动轨迹[26]。

表 3.2　四种算法的处理速度对比

算法	KS	VMS	HC	本章算法
处理时间	130s/frame	77s/frame	95s/frame	58s/frame

参 考 文 献

[1] Sheikh Y, Javed O, Kanade T. Background subtraction for freely moving cameras[C]// Proceedings of the IEEE Conference on Computer Vision and Pattern Recognition, 2009: 1219-1225.

[2] Cui X, Huang J, Zhang S, et al. Background subtraction using low rank and group sparsity constraints[C]// European Conference on Computer Vision, 2012: 612-625.

[3] 崔智高, 李艾华, 冯国彦. 动态背景下融合运动线索和颜色信息的视频序列目标分割算法[J]. 光电子·激光, 2014, 25(8): 1548-1557.

[4] Lee Y, Kim J, Grauman K. Key-segments for video object segmentation[C]// International Conference on Computer Vision, 2011: 1995-2002.

[5] Li W, Chang H, Lien K, et al. Exploring visual and motion saliency for automatic video object extraction[J]. IEEE Transactions on Image Processing, 2011, 22(7): 2600-2609.

[6] Zhang D, Javed O, Shah M. Video object segmentation through spatially accurate and temporally dense extraction of primary object regions[C]// Proceedings of the IEEE Conference on Computer Vision and Pattern Recognition, 2013: 628-635.

[7] Cui Z, Li A, Feng G. A moving object detection algorithm using multi-frame homography constraint and markov random fields model[J]. Journal of Computer-Aided Design & Computer Graphics, 2015, 27(4): 621-632.

[8] Wang J, Adelson E. Representing moving images with layers[J]. IEEE Transactions on Image Processing, 1994, 3(5): 625-638.

[9] Cremers D, Soatto S. Motion competition: a variational approach to piecewise parametric motion segmentation[J]. International Journal of Computer Vision, 2004, 62(3): 249-265.

[10] Yoon S, Park S, Kang S, et al. Fast correlation-based stereo matching with the reduction of systematic errors[J]. Pattern Recognition Letters, 2005, 26(14): 2221-2231.

[11] Adhyapak S, Kehtarnavaz N, Nadin M. Stereo matching via selective multiple windows[J]. Journal of Electronic Imaging, 2007, 16(1): 13012.

[12] Di S, Mattoccia S, Tombari F. Speeding-up ncc-based template matching using parallel multimedia instructions[C]// International Workshop on Computer Architecture for Machine Perception, 2005: 193-197.

[13] 崔智高, 王华, 李艾华, 等. 动态背景下基于光流场分析的运动目标检测算法[J]. 物理学报, 2017, 66(9): 94204.

[14] Bouguet J. Pyramidal implementation of the affine lucas kanade feature tracker description of the algorithm[J]. Intel Corporation, 2001, 5(4): 1-10.

[15] Brox T, Malik J. Object segmentation by long term analysis of point trajectories[C]// European Conference on Computer Vision, 2010: 282-295.

[16] Achanta R, Shaji A, Smith K, et al. Slic superpixels compared to state-of-the-art superpixel methods[J]. IEEE Transactions on Pattern Analysis and Machine Intelligence, 2012, 34 (11): 2274-2282.

[17] Achanta R, Shaji A. Slic superpixels[R]. EPFL Technical Report, 2010: 149-151.

[18] Vazquez A, Avidan S, Pfister H, et al. Multiple hypothesis video segmentation from superpixel flows[C]// European Conference on Computer Vision, 2010: 268-281.

[19] Fulkerson B, Vedaldi A, Soatto S. Class segmentation and object localization with superpixel neighborhoods[C]// International Conference on Computer Vision, 2009: 670-677.

[20] Boykov Y, Veksler O, Zabih R. Fast approximate energy minimization via graph cuts[J]. IEEE Transactions on Pattern Analysis and Machine Intelligence, 2001, 23(11): 1222-1239.

[21] Boykov Y, Funka L. Graph cuts and efficient N-D image segmentation[J]. International Journal of Computer Vision, 2006, 70(2): 109-131.

[22] Tron R, Vidal R. A benchmark for the comparison of 3D motion segmentation algorithms [C]// IEEE Conference on Computer Vision and Pattern Recognition, 2007: 1-8.

[23] Sand P, Teller S. Particle video: long-range motion estimation using point trajectories[J]. International Journal of Computer Vision, 2008, 80(1): 72-91.

[24] Goyette N, Jodoin P, Porikil F, et al. Changedetection. net: a new change detection benchmark dataset[C]// Proceedings of IEEE Conference on Computer Vision and Pattern Recognition Workshops, 2012: 1-8.

[25] Elqursh A, Elgammal A. Online moving camera background subtraction[C]// European Conference on Computer Vision, 2012: 228-241.

[26] Sundaram N, Brox T, Keutzer K. Dense Point Trajectories by GPU-Accelerated Large Displacement Optical Flow[M]. Heidelberg: Springer, 2010.

第4章　基于地平面约束的静止相机与主动相机目标跟踪算法

4.1　引　言

目标跟踪是智能监控系统中连接目标分割和行为分析的中心环节,具有重要的研究意义和应用价值[1-3]。传统的跟踪系统大多采用单目静止相机,一般通过背景差分方法分割目标运动[4],并利用颜色、纹理,以及形状等特征建立目标之间的关联,从而为后续的目标行为分析提供依据。然而,由于静止相机视场固定、分辨率单一,该类系统无法获得感兴趣目标的高分辨率图像,从而为日后的查询和取证等工作带来困难[5]。

随着硬件水平的提高,基于单目主动相机的跟踪系统得到了广泛的研究与应用,该类系统通过比较目标理想位置与实际位置的差异,自动调整相机参数,从而使跟踪目标始终处于其可见视场内,并可获得目标相对高分辨率的图像[6-8]。虽然目前有不少文献采用单目主动相机实现主动跟踪,但是该类系统存在以下问题。

① 单目主动相机跟踪系统虽然可以使目标以较大尺度出现在图像中心,但由于视场狭小丢失了全景信息,无法直观获得目标在场景中的位置。

② 在对目标进行主动跟踪的过程中,由于相机参数一直在改变,图像中的背景和目标均在运动,从而很难准确分割和定位动态背景下的运动前景。此外,当有多个运动前景时,采用单个主动相机也很难将感兴趣目标和其他目标区分开来。

③ 由于对相机的控制很难做到精确,并且主动相机的动作也需要时间,如相机机械运动的时间、指令发出的通信延迟等[9],这些时间往往难以准确估计,因此在相机动作完成后,由于目标的运动,感兴趣目

标可能已经偏离相机视场,此时依靠单目主动相机很难再将目标重新捕获。

鉴于上述缺陷,静止相机与主动相机的双目视觉系统成为智能监控中的研究热点。该类系统一般采用协同跟踪模式,即静止相机实现目标在全景下的跟踪,并提供感兴趣目标的位置信息,从而控制主动相机动态跟踪目标。在此类系统配置下,上面提到的单目主动相机跟踪的三个问题均可以得到很好的解决。首先,由于静止相机用于较大监控视场内的多目标跟踪,主动相机受静止相机控制,并对感兴趣目标进行高分辨率主动跟踪,因此监控视场和目标分辨率之间的矛盾得到了有效的缓解。其次,在此类系统中,目标的分割和定位只需在静止相机中进行,主动相机只是运动到某一参数,因此动态背景下的运动目标分割问题得到了很好的解决。最后,当主动相机丢失跟踪目标时,利用静止相机还可以将目标重新捕获,从而控制主动相机继续跟踪目标。

本章针对静止相机加主动相机视觉系统进行研究。首先,总结三种典型的静止相机加主动相机的协同跟踪方法,分析三种方法的局限性。然后,提出一种基于地平面约束的静止相机与主动相机协同跟踪算法[10,11],详细介绍算法的总体框架和具体实现。最后,给出实际监控中室内场景和室外场景的多组实验结果,并与现有方法进行了分析和对比。

4.2 现有协同跟踪方法分析

为表述方便,首先将静止相机和主动相机分别表示为 Cam-S(static camera)和 Cam-A(active camera)。本质上,双目协同跟踪问题可归纳为如下数学描述:在 Cam-S 目标跟踪的基础上,由时刻 n 感兴趣目标在 Cam-S 图像上的观测位置 x_S^n,估计 Cam-A 相机控制参数 (p_A^n, t_A^n, z_A^n),使得跟踪目标始终以高分辨率处于其图像中心位置。

在实际应用中,由于三维实体到二维图像投影过程中深度信息的缺失,Cam-S 图像中的坐标位置与 Cam-A 的控制参数不满足一一对应关系,增加了协同跟踪的难度。虽然使用立体传感器或多个摄像机[12,13]可以很好地解决该问题,但这样会加大系统的硬件开销。此外,立体重构的过程需要消耗大量的计算资源,从而较难实现对主动相机的实时控制。因此,本章只关注静止相机与主动相机的双目系统配置,其协同跟踪方法可以归纳为如下三类。

4.2.1　模型拟合方法

　　模型拟合方法[14-16]是一种比较简单的方法,在实际系统中得到了广泛的应用。该方法通过少数标定点建立静止相机图像坐标和主动相机控制参数之间的对应关系,并通过模型拟合得到二者之间的映射函数。设$[u_S,v_S,1]^{\mathrm{T}}$为静止相机图像中目标的齐次坐标,$[p,t]^{\mathrm{T}}$为使该图像观测对应的三维空间点处于主动相机图像中心的参数,通过手动采集一系列图像点及其对应的参数,可获得二者之间的映射函数$\boldsymbol{W}(\cdot)$,即

$$\begin{bmatrix} p \\ t \end{bmatrix} = \boldsymbol{W}\begin{bmatrix} u_S \\ v_S \\ 1 \end{bmatrix} = \begin{bmatrix} w_{11} & w_{12} & w_{13} \\ w_{21} & w_{22} & w_{23} \end{bmatrix}\begin{bmatrix} u_S \\ v_S \\ 1 \end{bmatrix} \tag{4.1}$$

　　通常情况下,上述方法在两相机基线长度较小时会取得不错的实验效果,但当基线长度较大时,由于三维场景向二维图像投影过程中深度信息的缺失,该方法将会带来较大的误差。如图 4.1 所示,以静止相机 Cam-S 的摄像机坐标系作为世界坐标系,设 $\boldsymbol{b}$ 为主动相机 Cam-A 光心 O_A 在世界坐标系中的坐标,$\boldsymbol{X}_C$ 和 $\boldsymbol{X}_W$ 分别为世界坐标系中两个空间点的对应坐标,这两个空间点在 Cam-S 图像上的观测坐标均为 $\boldsymbol{x}_S$。若设 $\boldsymbol{x}_S$ 对应的真实空间点的三维坐标为 $\boldsymbol{X}_W$,即协同跟踪中主动相机 Cam-A 应指向坐标为 $\boldsymbol{X}_W$ 的空间点位置,而通过映射函数 $\boldsymbol{W}(\cdot)$,Cam-A 指向了坐标为 $\boldsymbol{X}_C$ 的空间点。此时,主动相机 Cam-A 参数的计算值和真实值之间的误差为

$$\mathrm{error}(p,t) = \arccos\left(\frac{(\boldsymbol{X}_W - \boldsymbol{b})\cdot(\boldsymbol{X}_C - \boldsymbol{b})}{\|\boldsymbol{X}_W - \boldsymbol{b}\|\,\|\boldsymbol{X}_C - \boldsymbol{b}\|}\right) \tag{4.2}$$

　　由于 $\boldsymbol{X}_W$ 和 $\boldsymbol{X}_C$ 在同一条射线上,二者之间仅相差一个尺度因子,即

$$\boldsymbol{X}_W = \alpha \boldsymbol{X}_C \tag{4.3}$$

所以

$$\text{error}(p,t) = \arccos\left(\frac{(\alpha\boldsymbol{X}_C - \boldsymbol{b}) \cdot (\boldsymbol{X}_C - \boldsymbol{b})}{\|\alpha\boldsymbol{X}_C - \boldsymbol{b}\| \cdot \|\boldsymbol{X}_C - \boldsymbol{b}\|}\right) \tag{4.4}$$

通常情况下,我们希望误差 $\text{error}(p,t)=0$,此时需满足下式,即

$$\frac{(\alpha\boldsymbol{X}_C - \boldsymbol{b}) \cdot (\boldsymbol{X}_C - \boldsymbol{b})}{\|\alpha\boldsymbol{X}_C - \boldsymbol{b}\| \cdot \|\boldsymbol{X}_C - \boldsymbol{b}\|} = 1 \tag{4.5}$$

对等式两边平方,并化简得

$$(\alpha-1)^2(\|\boldsymbol{X}_C\|^2 \cdot \|\boldsymbol{b}\|^2 - (\boldsymbol{X}_C \cdot \boldsymbol{b})^2) = 0 \tag{4.6}$$

如图 4.1 所示,设 θ 代表坐标为 $\boldsymbol{X}_C$ 和 $\boldsymbol{b}$ 的两个空间点之间的夹角,则上式可化简为

$$(\alpha-1)^2 \|\boldsymbol{X}_C\|^2 \cdot \|\boldsymbol{b}\|^2(1-\cos^2\theta) = 0 \tag{4.7}$$

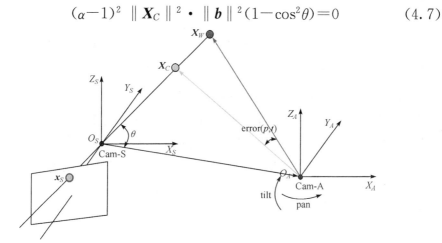

图 4.1　模型拟合方法局限性的几何解释

由于 $\|\boldsymbol{X}_C\| \neq 0$ 且 $\theta \neq 0°$,因此若使误差 $\text{error}(p,t)=0$,需要满足 $\alpha=1$ 或者是 $\|\boldsymbol{b}\|=0$,而在实际监控场景中,目标有可能出现在任意深度位置,即 $\alpha=1$ 无法满足,因此若使误差等于零,需要满足 $\|\boldsymbol{b}\|=0$。也就是说,$\|\boldsymbol{b}\|$ 越小,即两相机基线长度越小,利用模型拟合方法计算的主动相机参数值和真实值之间的误差 $\text{error}(p,t)$ 越小,若 $\|\boldsymbol{b}\|$ 越大,误差 $\text{error}(p,t)$ 也将越大。

为了使基线长度最小化,Park 等[16]根据远距离人脸跟踪和识别的

应用,提出一种同心同轴的静止相机与主动相机双目视觉系统,该系统通过六面体箱子和分光镜等特殊硬件配置使 $\parallel b \parallel$ 严格等于 0,也就是使两相机的光心严格重合,因此该系统利用模型拟合方法取得了不错的协同跟踪结果。然而,该系统依赖于特殊的硬件配置,限制了其在实际监控中的应用。

4.2.2 完全标定方法

文献[17],[18]均利用完全标定方法实现两个相机的协同跟踪,该方法的实现过程相对复杂,不仅需要对两个相机进行标定,还需要估计两个相机的相对位置关系。方法的实现可大致分为两部分:首先离线对两个相机进行标定,包括各自内外参数,从而建立两个相机坐标系之间的相对位置关系,比较成熟的方法包括 Bouguet 的 MATLAB 下的 Camera Calibration 工具包等,标定完成后,静止相机图像坐标和主动相机控制参数之间通过目标深度参数建立关联;在线协同跟踪时,保持两相机视场基本一致,这样可方便实现立体匹配,进而计算目标的初始深度信息,由于此时已经计算出两个相机坐标系之间的相对关系,因此可以比较准确地计算出主动相机控制参数,实现对感兴趣目标的高分辨率视觉关注。然而,在协同跟踪过程中,由于两相机图像的尺度差异较大,导致无法对目标的深度信息进行实时更新,因此当场景中目标深度变化较大时(如室内场景)会出现较大误差。

4.2.3 图像拼接方法

文献[19],[20]提出一种基于图像拼接的协同跟踪算法,该方法利用静止相机图像和主动相机高分辨率拼接图像的特征匹配结果建立关联,算法包括如下步骤。

① 首先利用主动相机采集监控场景内的多幅图像,每幅图像均保留主动相机的参数,然后利用拼接算法获得监控场景中主动相机的高分辨率拼接图像,并利用 SURF 特征[21]建立其与静止相机图像的坐标对应。

② 设目标在静止相机图像的观测为 $\boldsymbol{x}_S$,则可以在静止相机图像中搜索 $\boldsymbol{x}_S$ 邻域内的特征点集合 $q_S = \{(q_S^i, r^i)\}$,$i = 1, 2, \cdots, m$,其中 r^i 代

表特征点 q_S^i 和目标观测点 x_S 之间的欧氏距离。

③ 利用步骤①建立的坐标对应,计算集合 q_S 在主动相机高分辨率拼接图像的对应点集合 $q_A = \{(q_A^i, s^i)\}, i = 1, 2, \cdots, m$,其中 s^i 为特征点 q_A^i 所在图像的主动相机参数。

④ 通过上述步骤,目标观测坐标已经与主动相机的多个控制参数建立了关联,因此可使用插值算法计算最终的控制参数 s,即

$$s = s^1 f^1(r^1, r^2, \cdots, r^m) + \cdots + s^m f^m(r^1, r^2, \cdots, r^m) \qquad (4.8)$$

其中, $f^i(r^1, r^2, \cdots, r^m)$ 代表插值的权重系数。

基于图像拼接的协同跟踪方法可以将双目协同问题转化为特征匹配的问题,能在一定程度上克服前两类方法的缺陷。然而,该方法依赖于充分的特征匹配,当静止相机图像和主动相机高分辨率拼接图像之间特征匹配数目较少时,算法将带来较大误差。此外,由于方法需要预先对监控场景进行图像拼接,因此当场景条件发生变化时(如光照条件、场景结构等),算法需要对拼接图像进行更新。

4.3　基于地平面约束的协同跟踪算法的总体框架

针对上述方法的缺陷,本章提出一种基于地平面约束的静止相机与主动相机协同跟踪方法框架。首先,利用两相机同步视频中的目标匹配关系估计地平面所诱导的单应矩阵,并采用匹配特征点的方法估计主动相机的主点和等效焦距,协同跟踪时,通过地平面确定的单应矩阵建立两相机之间的坐标关联,并利用主点和等效焦距的估计结果自适应地估计主动相机控制参数,从而实现两相机之间的协同跟踪。此外,为了提高算法在实际应用中的可操作性,最大限度地减小对人工干预和先验知识的依赖,我们还设计了一种从两相机同步视频流中自动估计单应矩阵的方法。该方法与传统方法相比具有不需要标定物和人工干预的优点。

本章方法的总体流程如图 4.2 所示,分为离线标定和在线协同跟踪两部分。离线阶段,首先选择地平面作为参考平面,静止相机 Cam-S 和主动相机 Cam-A 监控参考平面的同一块区域,设此时主动相机 Cam-

A 参数为 (p_A^0, t_A^0, z_A^0)，利用两相机同步视频中的目标匹配关系估计地平面所诱导的单应矩阵 $\boldsymbol{H}$，并估计主动相机 Cam-A 在参数 (p_A^0, t_A^0, z_A^0) 时的主点 (u_0, v_0) 和等效焦距 f。在线阶段，静止相机 Cam-S 在监控场景中逐帧获取目标位置，并将每一时刻目标与地平面的交点坐标 (u_S^n, v_S^n)，以及目标高度信息 h_S^n 传送给主动相机 Cam-A，Cam-A 首先通过单应矩阵 $\boldsymbol{H}$ 计算目标在参数 (p_A^0, t_A^0, z_A^0) 成像平面的对应点，然后利用离线阶段估计的主点 (u_0, v_0) 和等效焦距 f 计算控制参数 (p_A^n, t_A^n, z_A^n)，从而实现两相机的协同跟踪。

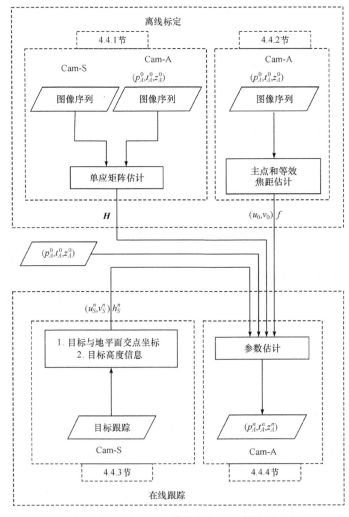

图 4.2　基于地平面约束的协同跟踪算法流程图

4.4　基于地平面约束的协同跟踪算法的具体实现

4.4.1　单应矩阵自标定

本章方法的核心思想是假设两相机视场中地平面是可见的。该假设在绝大多数监控场景中均容易满足,设此时主动相机 Cam-A 参数为 (p_A^0, t_A^0, z_A^0),该参数为 Cam-A 初始位置。设 $\boldsymbol{X}$ 为地平面上的任意一点,该点在两相机像平面上的成像点坐标分别为 (u_S, v_S) 和 (u_A, v_A),则 (u_S, v_S) 和 (u_A, v_A) 可通过矩阵 $\boldsymbol{H}$ 建立关联,即

$$\begin{bmatrix} u_A \\ v_A \\ 1 \end{bmatrix} = \boldsymbol{H} \begin{bmatrix} u_S \\ v_S \\ 1 \end{bmatrix} = \begin{bmatrix} h_{11} & h_{12} & h_{13} \\ h_{21} & h_{22} & h_{23} \\ h_{31} & h_{32} & 1 \end{bmatrix} \begin{bmatrix} u_S \\ v_S \\ 1 \end{bmatrix} \tag{4.9}$$

矩阵 $\boldsymbol{H}$ 称为地平面诱导的两个相机间的单应矩阵,相应的变换称为单应变换[22]。利用单应矩阵 $\boldsymbol{H}$,从静止相机 Cam-S 像平面上的点可以计算其在主动相机 Cam-A 参数 (p_A^0, t_A^0, z_A^0) 像平面上的对应点,因此可以建立两相机之间的坐标关联。

单应矩阵的估计可归纳为标定问题,标定可分为基于标定物的方法和自标定方法两类[23]。传统的单应矩阵估计一般采用基于标定物的方法,但采用标定物存在如下问题。

① 标定物往往不易选取,现有文献一般采用监控场景中地平面区域的一些特殊标志,如旗杆、地平面与建筑物交点等。这些标志物受监控场景的限制较大,不具有通用性,还有一些文献利用棋盘格、LED 激光笔等估计单应矩阵,但此类标定物一般应用于室内场景,无法应用于监控区域较大的室外场景。

② 为了保证单应矩阵的估计精度,一般要求标定物能够尽可能地覆盖整个场景,然而当监控场景较大时(如室外场景),标定物将在图像中占据很小的投影区域,从而导致较大的标定误差。

③ 使用标定物的方法一般需要手动获取匹配点坐标,需要较强的人工干预和先验知识。

由于监控场景的复杂性和多样性,监控系统往往需要无需标定物和人工干预的自标定方法。考虑到监控场景中的运动行人往往约束在地平面上,因此本章设计了一种从两相机同步视频流中自动估计单应矩阵的方法。该方法与传统方法相比具有不需要标定物和人工干预的优点,流程如图4.3所示。

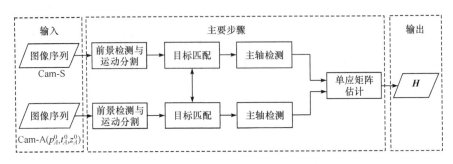

图 4.3　单应矩阵自标定流程图

本章方法以两相机的同步视频序列作为输入,输出两相机公共地平面区域诱导的单应矩阵 **H**,利用 **H** 可以将两相机图像映射到一张图像中,并通过地平面区域的吻合程度判断估计的准确性,包括如下几个步骤。

1. 前景检测与运动分割

采集监控场景中两相机同步视频,利用中值滤波方法[24]建立背景模型,将每一帧图像与背景图像进行差分比较实现对运动目标的分割,利用连通域分析的方法将面积较小的前景块去除,进行形态学滤波后得到最初的前景分割结果。为了进一步分割出多个运动目标,本章采用垂直投影直方图[25]的方法。设 $I(x,y)$ 为前景区域的二值图像,则垂直投影直方图可表示为

$$h(x) = \sum_{y=1}^{\text{height}} I(x,y), \quad x \in [1, \text{width}] \tag{4.10}$$

其中,height 和 width 分别为前景区域的高度和宽度。

垂直投影直方图可以代表前景区域的形状,因此可以准确地分割出多个运动目标。此外,考虑到监控场景中有可能出现行人之外的其

他目标(如车辆等),而二者的垂直投影直方图呈现不同的形式,因此垂直投影直方图还可以用来滤除前景区域中的非行人目标(行人用于后续的主轴分割)。

图 4.4 给出了前景检测与运动分割的一个例子,其中图 4.4(a)为静止相机采集视频的一帧图像,图 4.4(b)为该帧图像对应的前景检测结果,图 4.4(c)为垂直投影直方图的实验结果,图 4.4(d)为最终的运动目标分割结果。

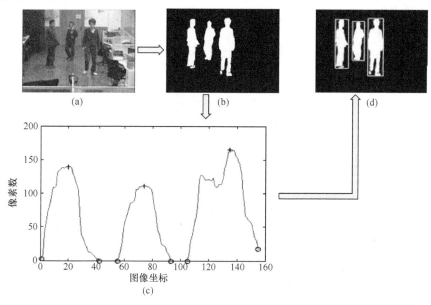

图 4.4　前景检测与运动分割示例

2. 目标匹配

通过运动分割可获得 Cam-S 和 Cam-A 同步帧图像中的多个目标区域,目标匹配的目的是找到目标之间的对应关系。传统的目标匹配方法一般采用目标颜色信息,然而不同摄像机或不同的参数设置会导致同一目标颜色不尽相同,因此使用区域颜色特征往往会带来较大误差。考虑到两相机任意一对同步帧图像满足极线几何约束,因此可以利用该约束实现目标区域之间的匹配。设 x_S 和 x_A 为同一目标在 Cam-S 和 Cam-A 同步帧图像的质心坐标,则根据极线几何约束,x_S 和 x_A 应该落在对应的极线 l_S 和 l_A 上。在实际应用中,由于观测误差的存在,计算的质心坐标一般不会准确地落在极线上,但一般都会在极线附近。因此,可以利用观测质心到对应极线的距离衡量目标的匹配度,即两个观测质心源自同一空间目标的概率。基于此,定义 $\boldsymbol{x}_S$ 和 $\boldsymbol{x}_A$ 的匹配度 $\Re$ 为

$$\Re = P(\boldsymbol{x}_S \mid \boldsymbol{l}_S) P(\boldsymbol{x}_A \mid \boldsymbol{l}_A) \tag{4.11}$$

通常情况下,相比于观测质心 $\boldsymbol{x}_S$ 和 $\boldsymbol{x}_A$ 的估计,极线 $\boldsymbol{l}_S$ 和 $\boldsymbol{l}_A$ 的计算往往更加准确,并且观测质心的分割噪声一般近似满足高斯分布,因此同样假设观测质心到极线的距离近似满足高斯分布,即定义

$$\begin{cases} P(\boldsymbol{x}_S \mid \boldsymbol{l}_S) = \dfrac{1}{\sqrt{2\pi}\sigma_S} \exp\left(-\dfrac{1}{2}\left[\dfrac{d_S}{\sigma_S}\right]^2\right) \\[3mm] P(\boldsymbol{x}_A \mid \boldsymbol{l}_A) = \dfrac{1}{\sqrt{2\pi}\sigma_A} \exp\left(-\dfrac{1}{2}\left[\dfrac{d_A}{\sigma_A}\right]^2\right) \end{cases} \tag{4.12}$$

此时,目标匹配度 $\Re$ 等价于

$$\Re \propto \dfrac{1}{\sigma_S \sigma_A} \exp\left(-\dfrac{1}{2}\left[\left(\dfrac{d_S}{\sigma_S}\right)^2 + \left(\dfrac{d_A}{\sigma_A}\right)^2\right]\right) \tag{4.13}$$

其中,观测质心到对应极线的距离为 $d_S = |\boldsymbol{x}_S^{\mathrm{T}}\boldsymbol{l}_S| / \|\boldsymbol{l}_S\|$, $d_A = |\boldsymbol{x}_A^{\mathrm{T}}\boldsymbol{l}_A| / \|\boldsymbol{l}_A\|$;极线 $\boldsymbol{l}_A = \boldsymbol{F}\boldsymbol{x}_S$, $\boldsymbol{l}_S = \boldsymbol{F}^{\mathrm{T}}\boldsymbol{x}_A$; $\boldsymbol{F}$ 为基础矩阵,可在两相机估计的背景图像中通过 8 点算法[26]计算; σ_S^2 和 σ_A^2 分别设置为目标区域的面积;匹配度 $\Re$ 越大,观测质心 $\boldsymbol{x}_S$ 和 $\boldsymbol{x}_A$ 源自同一空间物体的可能性越大,反之亦然。

基于此,本章目标匹配方法具体步骤如下。

① 设 Cam-S 和 Cam-A 通过运动分割获得的目标区域数目分别为 M 和 N,首先判断两相机目标区域的数目是否相等,若 $M \neq N$,则删除该帧图像,这样可保证目标的一一对应性;否则,转步骤②。

② 将 Cam-S 和 Cam-A 中分割的目标区域两两组合,构成所有可能的目标匹配组合,这样可形成 $M!$(或 $N!$)种组合。

③ 对每一种组合中的每一个候选目标匹配对,利用式(4.13)计算匹配度 $\Re$,并计算每种组合中所有目标匹配对的匹配度之和,选取匹配度之和最大的组合作为最终结果。

3. 主轴分割

得到两相机目标区域之间的对应关系后,本章采用最小中值平方法[27]分割目标主轴线,即

$$L = \min_l \mathrm{median}_r \{ D(X_r, l)^2 \} \tag{4.14}$$

其中,X_r 代表第 r 个前景像素;l 代表垂直轴;$D(X_r, l)$ 为前景像素 X_r 到垂直轴 l 的距离。

主轴与目标矩形窗底部的交点可以认为是地平面上的点,可用来单应矩阵的估计。

图 4.5 给出了目标匹配和主轴分割的一个例子。从左到右分别为静止相机 Cam-S 和主动相机 Cam-A 参数(p_A^0, t_A^0, z_A^0)时的同步帧图像,匹配的目标以相同的颜色标识,目标矩形窗内部的线段为分割的主轴线,其与矩形窗底部的交点为地平面上的点,这些地平面上的对应点可用来估计单应矩阵 $\boldsymbol{H}$。

图 4.5 目标匹配与主轴分割示例

4. 单应矩阵估计

通过对两相机同步视频进行上述操作,可获得多组对应点。显然,通过上述步骤会产生许多错误的对应点,这些错误对应点的产生主要包括以下两种情况。

① 目标匹配阶段产生的错误目标匹配。

② 主轴分割阶段,估计的主轴与目标矩形窗底部的交点不是真正地平面上的点,如目标下半身被遮挡,以及目标下半身颜色与背景颜色接近等。

为了实现单应矩阵 $\boldsymbol{H}$ 的准确估计,首先利用 RANSAC 算法[28]去除错误的对应点,设此时获得的对应点为 $\{(u_S^i,v_S^i),(u_A^i,v_A^i)\}_{i=1}^k$,则每一组对应点应满足下式,即

$$
\begin{cases}
u_A^i = \dfrac{h_{11}u_S^i + h_{12}v_S^i + h_{13}}{h_{31}u_S^i + h_{32}v_S^i + 1} \\[3mm]
v_A^i = \dfrac{h_{21}u_S^i + h_{22}v_S^i + h_{23}}{h_{31}u_S^i + h_{32}v_S^i + 1}
\end{cases}
\tag{4.15}
$$

所有对应点经过单应矩阵 $\boldsymbol{H}$ 变换前后的重投影误差之和为

$$
E(\boldsymbol{H}) = \sum_{i=1}^k \left\{ \left[u_A^i - \frac{h_{11}u_S^i + h_{12}v_S^i + h_{13}}{h_{31}u_S^i + h_{32}v_S^i + 1} \right]^2 + \left[v_A^i - \frac{h_{21}u_S^i + h_{22}v_S^i + h_{23}}{h_{31}u_S^i + h_{32}v_S^i + 1} \right]^2 \right\}
\tag{4.16}
$$

通过使 $E(\boldsymbol{H})$ 最小化,并采用 LM 优化算法[29]进行求解,可以得到单应矩阵 $\boldsymbol{H}$ 的精确模型参数。

4.4.2　主点和等效焦距估计

利用上节估计的单应矩阵 $\boldsymbol{H}$,可以得到两相机点对点的对应关系,即对于静止相机 Cam-S 像平面上目标与地平面交点坐标,利用单应矩阵 $\boldsymbol{H}$,可以计算其在主动相机 Cam-A 参数 (p_A^0, t_A^0, z_A^0) 像平面上的对应点。在实际应用中,一般希望目标处于主动相机图像的中心位置,因此需要估计 Cam-A 在参数 (p_A^0, t_A^0, z_A^0) 时的主点 (u_0, v_0) 和等效焦距 f。

在通常情况下,可假设主动相机的 pan 和 tilt 旋转轴垂直相交于摄像机中心,并且可认为像素的纵横比为 1,倾斜度为 0。此时,主动相机 Cam-A 在参数 (p_A^0, t_A^0, z_A^0) 时的成像模型可表示为

$$
\boldsymbol{x} = \kappa \begin{bmatrix} f & 0 & u_0 \\ 0 & f & v_0 \\ 0 & 0 & 1 \end{bmatrix} \begin{bmatrix} \cos(p_A^0) & 0 & \sin(p_A^0) \\ -\sin(p_A^0)\sin(t_A^0) & \cos(t_A^0) & \cos(p_A^0)\sin(t_A^0) \\ -\sin(p_A^0)\cos(t_A^0) & -\sin(t_A^0) & \cos(p_A^0)\cos(t_A^0) \end{bmatrix} \boldsymbol{X}
\tag{4.17}
$$

实验发现,主点 (u_0, v_0) 保持固定,并且基本与 zoom 中心保持一致,因此可以使用 zoom 中心代替主点。为了估计 zoom 中心,保持相机 pan 参数和 tilt 参数不变,只改变 zoom 参数,获得一组不同 zoom 参数下的图像序列,分别将相邻 zoom 参数的图像进行 SIFT[30]匹配,对每一

对匹配特征点可获得图像平面上的一条直线,理论上 zoom 中心应该位于所有的直线上,因此可以求取图像平面上到所有直线距离最小的点作为 zoom 中心的估计值。设每一直线的表达式为 $v = k_i u + b_i (i=1,2,\cdots,m)$,其中 m 为匹配点数目,则 zoom 中心的估计值应满足下式,即

$$\min_{u,v} \sum_{i=1}^{m} d_i = \min_{u,v} \sum_{i=1}^{m} \frac{|v - k_i u - b_i|}{\sqrt{k_i^2 + 1}} \tag{4.18}$$

等价于

$$\min_{u,v} \sum_{i=1}^{m} \frac{(v - k_i u - b_i)^2}{k_i^2 + 1} \tag{4.19}$$

分别对 u 和 v 求导得

$$\begin{bmatrix} \sum\limits_{i=1}^{m} \dfrac{k_i}{k_i^2 + 1} & \sum\limits_{i=1}^{m} \dfrac{-1}{k_i^2 + 1} \\ \sum\limits_{i=1}^{m} \dfrac{k_i^2}{k_i^2 + 1} & \sum\limits_{i=1}^{m} \dfrac{-k_i}{k_i^2 + 1} \end{bmatrix} \begin{bmatrix} u \\ v \end{bmatrix} = \begin{bmatrix} \sum\limits_{i=1}^{m} \dfrac{-b_i}{k_i^2 + 1} \\ \sum\limits_{i=1}^{m} \dfrac{-k_i b_i}{k_i^2 + 1} \end{bmatrix} \tag{4.20}$$

通过求解上式可获得 zoom 中心的估计值。考虑到特征点误匹配和噪声的影响,首先利用所有匹配特征点获得的直线估计 zoom 中心的一个初始值,然后计算初始值到所有直线的距离,并将距离大于某一阈值的直线去除,利用上式重新计算 zoom 中心,最终计算的 zoom 中心将作为主点(u_0, v_0)的估计值。

在通常情况下,主动相机的等效焦距只与 zoom 参数有关,因此可用如下方法估计 Cam-A 在参数(p_A^0, t_A^0, z_A^0)时的等效焦距 f。保持相机 zoom 参数不变,改变 pan 和 tilt 参数,获得参数为$(p_A^{0\prime}, t_A^{0\prime}, z_A^0)$的新图像,将该图像与参数为$(p_A^0, t_A^0, z_A^0)$的图像进行 SIFT 特征匹配,此时根据式(4.17)所示的成像模型,每一对匹配特征点满足下式,即

$$\begin{cases} \boldsymbol{x}_i = \kappa \begin{bmatrix} f & 0 & u_0 \\ 0 & f & v_0 \\ 0 & 0 & 1 \end{bmatrix} \begin{bmatrix} \cos(p_A^0) & 0 & \sin(p_A^0) \\ -\sin(p_A^0)\sin(t_A^0) & \cos(t_A^0) & \cos(p_A^0)\sin(t_A^0) \\ -\sin(p_A^0)\cos(t_A^0) & -\sin(t_A^0) & \cos(p_A^0)\cos(t_A^0) \end{bmatrix} \boldsymbol{X}_i \\[3em] \boldsymbol{x}_i' = \kappa \begin{bmatrix} f & 0 & u_0 \\ 0 & f & v_0 \\ 0 & 0 & 1 \end{bmatrix} \begin{bmatrix} \cos(p_A^{0\prime}) & 0 & \sin(p_A^{0\prime}) \\ -\sin(p_A^{0\prime})\sin(t_A^{0\prime}) & \cos(t_A^{0\prime}) & \cos(p_A^{0\prime})\sin(t_A^{0\prime}) \\ -\sin(p_A^{0\prime})\cos(t_A^{0\prime}) & -\sin(t_A^{0\prime}) & \cos(p_A^{0\prime})\cos(t_A^{0\prime}) \end{bmatrix} \boldsymbol{X}_i \end{cases}$$

$$\tag{4.21}$$

对每一对匹配特征点求解上式可获得等效焦距 f 的一个估计值，为了提高估计精度，可以利用多组匹配特征点求取等效焦距的平均值。

4.4.3　静止相机多目标跟踪

在线协同跟踪时，静止相机 Cam-S 需要逐帧跟踪监控场景中的多个运动目标，并在每一时刻将感兴趣目标的位置信息提供给主动相机 Cam-A。实时性是应该首先考虑的一个重要因素，因此采用传统的高斯混合模型方法[31]构建监控场景的背景模型，并分割运动目标区域。为了避免分割运动物体的颜色与背景颜色相近，采用启发式聚类方法融合相近的运动区域，从而获得最终的前景分割团块。

作为前景分割的后续步骤，目标跟踪的目的是建立先前帧跟踪物体和当前帧分割团块之间的对应关系。基于系统的实时性要求，本章采用 Kalman 滤波预测已跟踪物体在当前帧的状态，并将预测状态和前景分割团块的观察属性进行比对，从而建立已跟踪物体和当前分割团块的对应关系。为了计算预测状态和观察属性的相似度，本章利用质心坐标、窗口大小和颜色三种特征描述运动物体，并定义三种特征对应的匹配代价函数为 E_{centroid}、E_{size} 和 E_{color}。

由于运动物体在相邻两帧的运动距离是非常有限的，因此质心坐标可以作为目标跟踪的特征之一。设 n 时刻第 i 个跟踪物体的预测质心位置为 $(O_{i,u}^{n}, O_{i,v}^{n})$，第 j 个前景团块的观测质心坐标为 $(B_{j,u}^{n}, B_{j,v}^{n})$，图像的大小为 $W \times H$，则匹配代价函数 E_{centroid} 可以定义为

$$E_{\mathrm{centroid}} = \frac{\sqrt{(O_{i,u}^{n} - B_{j,u}^{n})^{2} + (O_{i,v}^{n} - B_{j,v}^{n})^{2}}}{\sqrt{H \times W}} \tag{4.22}$$

同理，目标在相邻两帧的包围窗口变化很小。设 $(O_{i,w}^{n}, O_{i,h}^{n})$ 为 n 时刻第 i 个跟踪物体的预测宽度和高度，$(B_{j,w}^{n}, B_{j,h}^{n})$ 为第 j 个分割团块的观测宽度和高度，则 E_{size} 为

$$E_{\mathrm{size}} = \frac{|O_{i,w}^{n} \times O_{i,h}^{n} - B_{j,w}^{n} \times B_{j,h}^{n}|}{H \times W} \tag{4.23}$$

为了提高跟踪性能，本章同时引入颜色信息。通常情况下，相比目标的边缘部分，其中心区域的颜色特征往往较为稳定，因此本章首先在

目标质心附近确定有效区域,然后利用主成分分析(principal component analysis,PCA)方法提取有效区域的颜色特征。设有效区域中共有 m 个像素,每个像素的 RGB 颜色值为 $v_i = [R_i, G_i, B_i]$,则有效区域的颜色均值 $\boldsymbol{\mu}$ 和协方差 $\boldsymbol{C}$ 分别为

$$
\begin{cases}
\boldsymbol{\mu} = \dfrac{1}{m} \sum_{i=1}^{m} v_i \\
\boldsymbol{C} = \dfrac{1}{m} \sum_{i=1}^{m} (v_i - \boldsymbol{\mu})^{\mathrm{T}} (v_i - \boldsymbol{\mu})
\end{cases}
\tag{4.24}
$$

对协方差矩阵 $\boldsymbol{C}$ 进行特征值分解,并选择最大特征值对应的特征向量作为颜色特征的最优投影轴。若 n 时刻第 i 个跟踪物体和第 j 个分割团块对应同一目标,则二者颜色特征的最优投影轴应该基本一致,因此可以利用最优投影轴之间的夹角余弦衡量颜色特征的相似度。设 $\boldsymbol{O}_{i,l}^{n}$ 和 $\boldsymbol{B}_{j,l}^{n}$ 分别为 n 时刻第 i 个跟踪物体和第 j 个分割团块的最优投影轴,则匹配代价函数 E_{color} 可定义为

$$
E_{\text{color}} = 1 - \frac{\boldsymbol{O}_{i,l}^{n} \cdot \boldsymbol{B}_{j,l}^{n}}{\| \boldsymbol{O}_{i,l}^{n} \| \cdot \| \boldsymbol{B}_{j,l}^{n} \|}
\tag{4.25}
$$

最终的匹配代价函数为 E_{centroid}、E_{size} 和 E_{color} 三部分的加权和,即

$$
E = \alpha E_{\text{centroid}} + \beta E_{\text{size}} + \gamma E_{\text{color}}
\tag{4.26}
$$

其中,$\alpha + \beta + \gamma = 1$。

若前景区域团块与某个已跟踪目标具有最小的匹配代价函数 E,则赋予前景团块与该跟踪目标相同的标号,并利用前景团块的观测向量更新 Kalman 滤波器,如此反复可以实现目标的跟踪。

4.4.4　主动相机参数估计

静止相机 Cam-S 能够及时捕捉目标运动的全景信息,但分辨率较低,目标的精确定位与跟踪需要由主动相机 Cam-A 完成,Cam-A 需要不断调整自身参数以适应目标位置的变化。静止相机 Cam-S 在每一时刻将目标与地平面交点坐标,以及目标高度信息传送给主动相机 Cam-A。Cam-A 根据离线阶段估计的单应矩阵,以及主点和等效焦距计算自身控制参数,具体过程可以分为如下步骤,如图 4.6 所示。

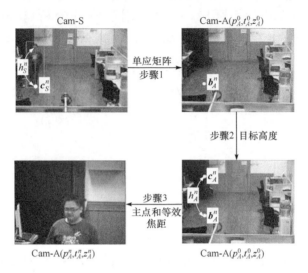

图 4.6　主动相机控制参数的计算过程

步骤 1，设 n 时刻静止相机 Cam-S 目标矩形窗底部的中心点坐标为 $c_S^n = (u_S^n, v_S^n)$，该点可以认为是地平面上的点，利用离线阶段估计的单应矩阵 $\boldsymbol{H}$，将其变换到主动相机 Cam-A 参数 (p_A^0, t_A^0, z_A^0) 的像平面上，得到点 b_A^n。值得说明的是，根据多视图几何理论，当两相机安装固定及参考平面（本章为地平面）选定后，单应矩阵 $\boldsymbol{H}$ 仅与 Cam-A 参数 (p_A^0, t_A^0, z_A^0) 有关，而与图像内容无关，因此此时 Cam-A 参数 (p_A^0, t_A^0, z_A^0) 的像平面可看做一个虚拟平面。

步骤 2，在实际应用中，一般希望目标质心或头部处于主动相机 Cam-A 的中心位置，因此得到点 b_A^n 后，首先将其垂直方向分量减去目标高度信息 h_A^n，得到点 c_A^n。h_A^n 可通过下式计算，即

$$h_A^n = q(h_S^n) \tag{4.27}$$

其中，$q(\cdot)$ 为同一目标在两相机视图中高度信息的映射函数，可由一组训练样本计算得到。

由于在单应矩阵自标定阶段，我们已经获得一组目标的匹配对应关系，因此这些对应目标的高度信息可当做训练样本，通过最小二乘拟合可获得映射函数 $q(\cdot)$ 的估计。

在式(4.27)中，h_S^n 为静止相机 Cam-S 中跟踪目标的高度信息，可根据具体应用选择(如希望目标质心或头部处于主动相机 Cam-A 的中心位置)。一般情况下，目标的 1/7 位置可以认为是头部位置[16]，因此 h_S^n 可取为跟踪窗体高度的 6/7，即在室内场景中，本章使目标头部处于主动相机 Cam-A 的中心位置；对于室外场景，h_S^n 取为跟踪窗体高度的 1/2，即希望目标质心处于 Cam-A 的中心位置。

步骤 3，得到点 c_A^n 后，利用离线阶段计算的主点 (u_0,v_0) 和等效焦距 f 即可估计主动相机 Cam-A 的控制参数 (p_A^n,t_A^n,z_A^n)，如图 4.7 所示。其中，O_A 为主动相机 Cam-A 的光心，O_A 与主点的连线垂直于图像平面，设 $c_A^n=(u_A^n,v_A^n)$，则 pan 和 tilt 参数需要改变的绝对夹角为

$$\begin{cases} \Delta p=\arctan\dfrac{\Delta u_A^n}{f}=\arctan\dfrac{|u_A^n-u_0|}{f} \\ \Delta t=\arctan\dfrac{\Delta v_A^n}{f}=\arctan\dfrac{|v_A^n-v_0|}{f} \end{cases} \tag{4.28}$$

根据点 c_A^n 在图像平面上的位置，可得到最终的控制参数 (p_A^n,t_A^n,z_A^n)，即

$$\begin{cases} p_A^n=p_A^0+\Delta p, & t_A^n=t_A^0-\Delta t, & u_A^n\geqslant u_0 \wedge v_A^n\geqslant v_0 \\ p_A^n=p_A^0+\Delta p, & t_A^n=t_A^0+\Delta t, & u_A^n\geqslant u_0 \wedge v_A^n< v_0 \\ p_A^n=p_A^0-\Delta p, & t_A^n=t_A^0-\Delta t, & u_A^n< u_0 \wedge v_A^n\geqslant v_0 \\ p_A^n=p_A^0-\Delta p, & t_A^n=t_A^0+\Delta t, & \text{其他} \end{cases} \tag{4.29}$$

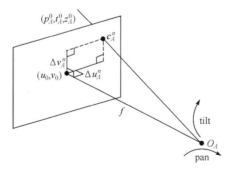

图 4.7　利用主点和等效焦距估计主动相机控制参数示意图

对于 zoom 参数 z_A^n，可根据具体应用场景赋予相应值。本章所用主动相机提供了 24 个级别的 pan 控制速度和 20 个级别的 tilt 控制速度，先前的主动相机视觉系统一般将控制速度设置为最大值，然而由于物体运动的不规则性，固定的速度控制策略会导致图像模糊和视频跳变。考虑到相机控制速度应与目标的运动速度成正比，因此本章在静止相机图像中度量前一帧和当前帧目标质心位置的差异，如果某个方向坐标偏移较大，则给定一较大速度；反之，则给定一较小速度（水平方向坐标差异对应 pan 控制速度，垂直方向坐标差异对应 tilt 控制速度），这样可保证跟踪的平滑性。

4.5　实验结果及其分析

为了验证本章方法的有效性，利用两个 SONY EVI D70P 相机构建双目视觉系统，其中一个相机当做静止相机使用。表 4.1 列出了实验所用相机的相关信息。两个相机安装在实验室窗户上边框，高约 4m，基线长度约为 1.2m。两相机通过视频线连接到一台 PC 的视频采集卡上，并通过 RS232 串口总线与摄像机交互，包括参数获取和动作控制。

表 4.1　实验所用主动相机的相关信息

相机型号	pan 角度	最大 pan 速度	tilt 角度	最大 tilt 速度	zoom 倍数	图像大小
SONY EVI D70P	$-170°\sim170°$	$100°/s$	$-30°\sim90°$	$90°/s$	$18\times$	320×240

由于主动相机的动态属性，尚未有公开数据集进行实验验证，因此通过真实监控场景（包括室内和室外场景）的在线协同跟踪实验测试本章算法。在实验中，静止相机图像中的跟踪物体用矩形窗标记，不同物体赋予不同的标号，如果某个物体被选择为协同跟踪的感兴趣目标，则该物体矩形窗的颜色发生改变，感兴趣目标矩形窗上的两个圆点分别代表目标与地平面交点及目标高度信息。

4.5.1 室内场景实验结果

在室内场景中，主动相机初始参数为 $(p_A^0, t_A^0, z_A^0) = (87.74, -13.20, 7.00)$，估计的主点坐标为 $(u_0, v_0) = (157.82, 121.31)$，等效焦距为 $f = 890.97$ 像素。为了估计两相机公共地平面区域诱导的单应矩阵 $\boldsymbol{H}$，本章捕获包含 645 帧图像的两相机同步视频（示例图像可参见图 4.4 和图 4.5），然后利用 4.4.1 节所述方法估计单应矩阵 $\boldsymbol{H}$。为了验证估计的准确性，将两相机同步视频的背景图像利用单应矩阵 $\boldsymbol{H}$ 映射叠加到一张图像中，结果如图 4.8 所示。可以看出，两幅图像的地平面区域得到了很好的吻合，证明了本章单应矩阵自标定方法的有效性。

图 4.8 室内场景单应矩阵估计的实验验证

相比于室外场景，室内场景的协同跟踪存在如下困难。

① 跟踪物体的深度变化范围较大。

② 相比于绝对的场景深度，两相机具有相对宽的基线。

在实验中，整个场景的深度变化约为 5～10m，具有较大的场景深度范围，同时两相机的基线长度为 1.2m，相对场景深度而言，具有相对宽的基线长度。图 4.9 给出了目标处于不同位置的协同跟踪结果，跟踪过程中主动相机的 zoom 参数为 $z_A^n = 15.00$。从实验结果可以看出，随着目标深度的不断变化，本章方法可以基本保持目标头部处于主动相机图像的中心位置。

Cam-S

Cam-A

#40　　　　　　#99　　　　　　#196　　　　　　#307

图 4.9　室内场景协同跟踪的实验结果

4.5.2　室外场景实验结果

在室外场景中,主动相机初始参数为 $(p_A^0, t_A^0, z_A^0) = (-72.66,$ $-11.10, 11.30)$,室外场景的深度为 $100\sim200$m。首先,采集两相机同步视频,利用 4.4.1 节所述方法估计公共地平面诱导的单应矩阵,为了验证有效性,将两相机同步视频的背景图像映射叠加到一张图像中,结果如图 4.10 所示。由于假设主点固定不变,因此室外场景中主动相机的主点坐标与室内场景相同,估计的等效焦距为 $f = 1854.45$ 像素。图 4.11 和图 4.12 分别给出了室外场景中对运动行人和快速运动物体的协同跟踪结果,跟踪过程中主动相机的 zoom 参数设置为 $z_A^h = 18.00$。从实验结果可以看出,目标基本保持在主动相机图像的中心位置,验证了本章方法的有效性。

图 4.10　室外场景单应矩阵估计的实验验证

图 4.11　室外场景运动行人协同跟踪的实验结果

图 4.12　室外场景快速运动物体协同跟踪的实验结果

同时，我们还在不同的光照条件下测试了本章算法。如图 4.13 所示，其中图 4.13(a)为中午光照较强时对快速运动物体的协同跟踪结果，图 4.13(b)为傍晚光照较弱时对运动行人的协同跟踪结果。从实验结果可以看出，对于不同的光照条件，本章方法仍然可以有效地协同跟踪目标，并保持目标处于主动相机图像的中心位置。这是由于本章方法的核心思想是利用平面几何约束实现两相机之间的协同控制，而当场景条件（如光照条件、场景结构）发生变化时，地平面诱导的单应矩阵保持不变，因此场景条件的变化对本章方法影响很小。

如 4.4.4 节所述，当两相机安装固定和参考平面（本章为地平面）选定后，单应矩阵 H 仅与主动相机参数 (p_A^0, t_A^0, z_A^0) 有关，该参数为离线阶段估计单应矩阵 H 时的主动相机参数。因此，启动协同跟踪时，主动相机可以处于任意参数位置。图 4.14 给出了一组示例，在第一帧图像中，主动相机与静止相机无公共视场，而当目标选中后，本章方法仍然可以控制主动相机准确的定位和跟踪目标。上述例子解释了本章方法的另一个优势，即离线阶段完成后，不需要主动相机和静止相机具有公共视场，并且主动相机可以处于任意参数位置。

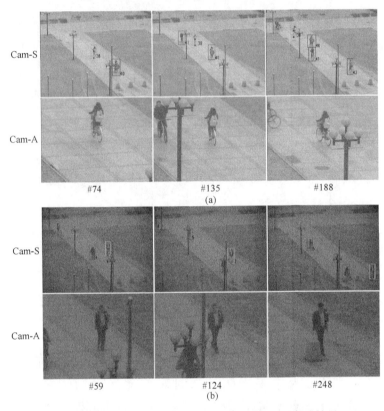

图 4.13　室外场景不同光照条件下协同跟踪的实验结果

图 4.14　两相机无公共视场时协同跟踪的实验结果

实时性也是检验算法性能的一个重要指标。本章方法在线协同跟踪时仅需要简单的坐标变换实现对相机的控制,因此方法的实时性可以得到很好的保证。本章方法的平均处理速度约为 25 帧/秒,满足实际监控中的实时性要求。

4.5.3　方法对比

由于协同跟踪过程中需要对相机进行实时控制,且不同的方法对应于不同的假设,如不同的几何约束、摄像机安装和场景条件等,因此很难从定量的角度进行方法之间的对比,但是可以从假设条件的强弱、算法复杂度,以及实时性等方面进行比较分析。模型拟合方法较为简单,实时性也能够保障,但该方法具有很强的假设,即假设两相机光心重合。完全标定方法需要对两个相机进行完整的标定,复杂度较高,并且假设协同跟踪过程中目标深度变化较小,该假设在实际应用中很难得到满足,如本章实验部分的室内场景。图像拼接方法假设监控场景中具有充分并且均匀的特征点,该假设在实际应用中也具有很大的限制,如本章实验部分的室外场景。另外,该方法在场景条件发生变化时需要对拼接图像进行更新,无法适应场景条件(如光照、结构等)的动态变化。相比与上述三类方法,本章方法假设监控场景中的地平面是可见的,这一假设在绝大多数监控场景中均可满足,因此具有较弱的假设条件。就算法复杂度而言,本章方法不需要对两相机进行完整的标定,且离线阶段完成后,两相机的单应矩阵,以及主点和等效焦距不随场景结构的变化而变化。从实时性的角度,本章方法在线应用时只需要进行简单的坐标变换,因此方法的实时性也可以得到很好的保证。

尽管方法各有差异,但所有方法的目的均是准确估计主动相机的控制参数,从而使目标处于主动相机图像的中心位置,因此可以利用参数的估计值和真实值进行比对。为了验证本章方法参数估计的准确性,以室内场景为例,根据目标在静止相机图像中头部的运动轨迹,手动调整主动相机参数,使目标头部在静止相机图像上的轨迹点坐标处于主动相机图像的中心位置,并记录主动相机的 pan 和 tilt 参数值,该参数可以看作真实值,将其与本章参数的估计结果进行比较。结果如图 4.15 所示,其中 pan 参数的平均估计误差为 $0.26°$,tilt 参数的平均估计误差为 $0.15°$。

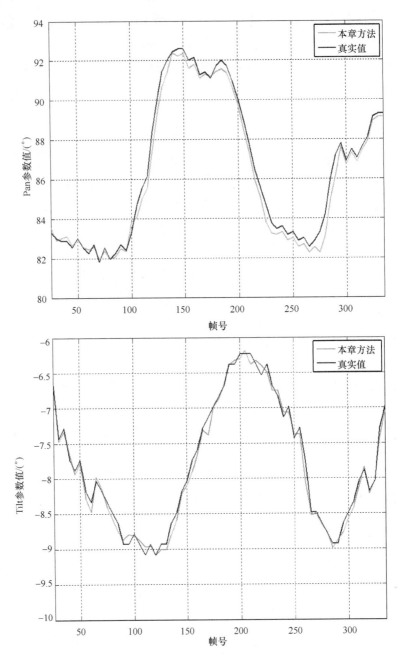

图 4.15　主动相机参数估计值和真实值的对比（室内场景）

　　同时，本章还在室外场景进行了对比实验。图 4.16 给出了如图 4.11 所示图像的参数比较结果，其中 pan 参数的平均估计误差为

$0.14°$, tilt 参数的平均估计误差为 $0.17°$。需要指出的是,主动相机在前面若干帧一般处于参数调整的过程,因此图 4.15 和图 4.16 分别从第 25 帧和第 115 帧开始比对。

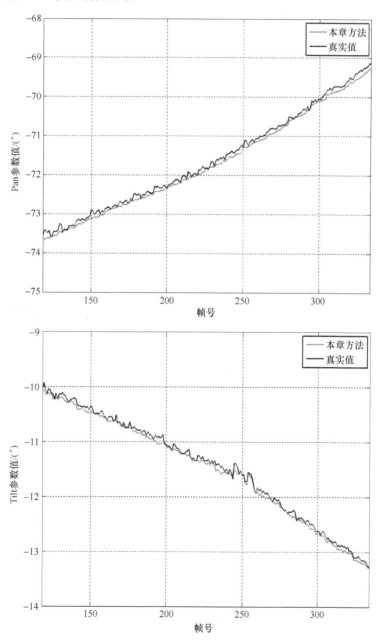

图 4.16　主动相机参数估计值和真实值的对比(室外场景)

参 考 文 献

[1] Nawaz T,Poiesi F,Cavallaro A. Measures of effective video tracking[J]. IEEE Transactions on Image Processing,2014,23(1):376-388.

[2] Yilmaz A,Javed O,Shah M. Object tracking:a survey[J]. ACM Computing Surveys,2006,38 (4):1-46.

[3] Su Y,Li A,Cui Z,et al. Multi-object visual tracking algorithm based on grey relational analysis and generalized linear assignment[C]// Chinese Conference on Computer Vision,2015: 448-457.

[4] Maddalena L,Petrosino A. A self-organizing approach to background subtraction for visual surveillance applications [J]. IEEE Transactions on Image Processing, 2008, 17 (7): 1168-1177.

[5] Zhou J, Hu H, Wan D. Video stabilization and completion using two cameras[J]. IEEE Transactions on Circuits and Systems for Video Technology,2011,21(12):1879-1889.

[6] Cai Y,Medioni G,Dinh T. Towards a practical ptz face detection and tracking system[C]// IEEE Workshop on Applications of Computer Vision,2013:31-38.

[7] Varcheie P,Bilodeau G. People tracking using a network-based ptz camera[J]. Machine Vision and Application,2011,22(4):671-690.

[8] Bernardin K,Camp F,Stiefelhagen R. Automatic person detection and tracking using fuzzy controlled active cameras[C]// IEEE Computer Society Conference on Computer Vision and Pattern Recognition,2007:1-8.

[9] 万定锐,周杰. 双目 PTZ 视觉系统的研究[D]. 北京:清华大学博士学位论文,2009.

[10] Cui Z G,Li A H,Feng G,et al. Cooperative object tracking using dual pan-tilt-zoom cameras based on planar ground assumption[J]. IET Computer Vision,2015,9(1):149-161.

[11] 崔智高,邓磊,李艾华,等. 采用地平面约束的双目 ptz 主从跟踪方法[J]. 红外与激光工程, 2013,42(8):2251-2260.

[12] Hampapur A,Sharat P,Senior A,et al. Face cataloger:multi-scale imaging for relating identity to location[C]// IEEE conference on Advanced Video and Signal Based Surveillance, 2003:13-20.

[13] Krahnstoever N, Yu T, Lim S, et al. Collaborative real-time control of active cameras in large scale surveillance systems[C]// Workshop on Multi-camera and Multi-modal Sensor Fusion Algorithms and Applications,2008:1-8.

[14] Zhou X,Collins R,Kanade T. A master-slave system to acquire biometric imagery of humans at a distance[C]// ACM SIGMM International Workshop on Video Surveillance, 2003:113-120.

[15] Bodor R,Morlok R,Papanikolopoulos N. Dual-camera system for multi-level activity recognition[C]// IEEE/RJS International Conference on Intelligent Robots and Systems,2004: 1-8.

[16] Park U,Choi H,Jain A. Face tracking and recognition at a distance:a coaxial & concentric

ptz camera system[J]. IEEE Transactions on Information Forensics and Security, 2013, 8 (10):1665-1677.

[17] Jain A, Kopell D, Kakligian K, et al. Using stationary-dynamic camera assemblies for wide-area video surveillance and selection attention[C]// IEEE Computer Society Conference on Computer Vision and Pattern Recognition, 2006:537-544.

[18] Horaud R, Knossow D, Michaelis M. Camera cooperation for achieving visual attention[J]. Machine Vision and Application, 2006, 16(6):331-342.

[19] Li Y, Song L, Wang J. Automatic weak calibration of master-slave surveillance system based on mosaic image[C]// International Conference on Pattern Recognition, 2010:1824-1827.

[20] Bimbo A, Dini F, Lisanti G, et al. Exploiting distinctive visual landmark maps in pan-tilt-zoom camera networks[J]. Computer Vision and Image Understanding, 2010, 114(6): 611-623.

[21] Bay H, Ess A, Tuytelaars T, et al. Speeded-up robust features[J]. Computer Vision and Image Understanding, 2008, 110(3):346-359.

[22] 姜明新, 王洪玉, 刘晓凯. 基于多相机的多目标跟踪算法[J]. 自动化学报, 2012, 38(4): 531-539.

[23] Hodlmoser M, Micusik B, Kampel M. Camera auto-calibration using pedestrians and zebra-crossing[C]// International Conference on Computer Vision Workshops, 2011:1697-1704.

[24] Lo B, Velastin S. Automatic congestion detection system for underground platforms[C]// International Symposium on Intelligent Multimedia, Video and Speech Processing, 2011: 158-161.

[25] Haritaoglu I, Harwood D, Davis L. W4:real-time surveillance of people and their activities [J]. IEEE Transactions on Pattern Analysis and Machine Intelligence, 2000, 22(8): 809-830.

[26] Hartley R. In defense of the eight-point algorithm[J]. IEEE Transactions on Pattern Analysis and Machine Intelligence, 1977, 19(6):580-593.

[27] Hu W, Hu M, Zhou X, et al. Principal axis-based correspondence between multiple cameras for people tracking[J]. IEEE Transactions on Pattern Analysis and Machine Intelligence, 2006, 28(4):663-671.

[28] Fischler M, Bolles R. Random sample consensus:a paradigm for model fitting with applications to image analysis and automated cartography[J]. Communications of the ACM, 1981, 24(6):381-395.

[29] Levenberg K. A method for the solution of certain nonlinear problems in least squares[J]. Quarterly of Applied Mathematics, 1994, 2(2):164-168.

[30] Lowe D. Distinctive image features from scale-invariant keypoints[J]. International Journal of Computer Vision, 2004, 60(2):91-101.

[31] Stauffer C, Grimson W. Adaptive background mixture models for real-time tracking[C]// IEEE Computer Society Conference on Computer Vision and Pattern Recognition, 1999: 246-252.

第5章　基于球面坐标和共面约束的 双目主动相机目标跟踪算法

5.1　引　　言

双目视觉系统是一种最简单且最具代表性的多目视觉系统[1-3]，具有一般多目视觉系统的基本特点，并且一般的多目视觉系统都可以在此基础上进行延伸，因此研究双目视觉系统具有重要的理论意义和应用价值。

上一章我们讨论了一种典型的双目视觉系统——静止相机加主动相机视觉系统[4]。该类系统主要以传统单目静止相机的视觉监控技术为基础，结合主动相机在视角和分辨率可变的优势，以实现对监控场景感兴趣目标的多分辨率视觉关注。然而，由于静止相机的视角和分辨率无法改变，上述双目视觉系统一般只局限应用于监控场景不是很大，或者基本可以被静止相机视场覆盖的场合。由两个主动相机组成的监控系统，不但可以实现上述系统的所有功能，并且可以通过改变自身参数切换监控场景，从而可以弥补静止相机加主动相机视觉系统监控视场固定的局限性。虽然目前关于双目主动相机视觉系统的研究较少，但其具有很大的应用前景。

本章针对双目主动相机视觉系统进行研究。首先，提出一种基于球面经纬坐标的目标跟踪方法[5,6]，该方法可以实现两个主动相机任意参数下的协同跟踪，只要两个相机安装固定，不受相机参数改变的影响。然后，提出一种高分辨率全景图生成方法[7]，将协同跟踪结果以高分辨率全景的形式输出，提高了可视效果，并且有利于后期行为分析、犯罪取证等应用。最后，将平面约束思想引入双目主动视觉系统中，提出一种基于共面约束的目标跟踪算法[8]，该方法同样可以实现两个相机任意参数下的协同跟踪。

5.2　基于球面坐标的目标跟踪算法

本章将两个主动相机分别定义为 Cam-1 和 Cam-2。不失一般性，以 Cam-1 为例，双目主动相机的协同跟踪问题可描述为：Cam-1 在任意参数(p_1,t_1,z_1)下，根据 n 时刻跟踪目标在 Cam-1 图像上的观测位置$\boldsymbol{x}_1^n$，计算 Cam-2 参数(p_2^n,t_2^n,z_2^n)，使得跟踪目标处于 Cam-2 图像中心位置。从描述可以看出，由于双目主动相机的对称性和参数可变性、可控性，双目主动相机的协同跟踪问题将会引入"任意参数"的概念，因此其实现过程会比静止相机加主动相机的协同跟踪更加复杂。此外，本章之所以强调任意参数，是因为在大场景下，双目主动相机可通过改变自身参数切换监控场景，实现两相机任意参数下的协同跟踪，更符合实际应用的需求。

针对上述问题，本节提出一种基于球面坐标的双目主动相机目标跟踪算法，算法将两相机不同参数的情况统一在球面坐标框架下，并通过球面公共坐标系实现两相机的信息交互和协同控制，具体实现过程如下。

5.2.1　基于特征匹配的摄像机内部参数获取

主动相机是一种内外参数均可变化的视觉传感器。这些参数包括水平转动、竖直转动和焦距变化。其参数固定时，空间中一点 $\boldsymbol{X}$ 与该点在图像上的成像点 $\boldsymbol{x}$ 近似满足弱透视针孔成像模型[6]，即

$$\boldsymbol{x}=\kappa\boldsymbol{K}(z)\boldsymbol{R}(p,t)\boldsymbol{X}=\kappa\begin{bmatrix}f(z)&0&u_0\\0&f(z)&v_0\\0&0&1\end{bmatrix}$$
$$\begin{bmatrix}\cos p&0&-\sin p\\\sin p\sin p&\cos t&\cos p\sin t\\\sin p\cos t&-\sin t&\cos p\cos t\end{bmatrix}\boldsymbol{X}\qquad(5.1)$$

其中，p、t 和 z 分别代表主动相机当前的 pan、tilt 和 zoom 参数；$\boldsymbol{R}(p,t)$ 为相机外参矩阵，仅与 pan 和 tilt 参数有关；$\boldsymbol{K}(z)$ 为相机内参矩阵，仅与

zoom 参数有关。

相机内部参数估计的目的就是计算矩阵 $K(z)$ 中的相关参数,即主点坐标 (u_0, v_0) 及等效焦距随 zoom 参数的函数关系 $f(z)$。

传统的摄像机内参获取方法往往依赖于精密加工的三维或二维标定物。然而,主动相机具有可变焦能力,在相机视场较大(zoom 较小)时,标定物将覆盖相机较小视场,从而造成巨大的误差。针对该问题,Sinha 等[9,10]提出一种基于图像特征匹配的参数获取方法,该方法使用序列图像重叠区域的匹配特征点,结合主动相机成像模型求解摄像机内部参数。由于在实际操作中无需参照标定物和实地测量信息,因此在不同的监控场景具有较强的适用性。

本章沿用上述思路,并做如下改进。

① 使用的主动相机最大畸变小于 1 个像素,故忽略图像畸变的影响,以降低对先验知识的依赖和实际操作的复杂度。

② Sinha 等首先估计 zoom 最小时的焦距,然后利用其他 zoom 下的图像与最小 zoom 下的图像进行特征匹配,顺序估计各离散 zoom 下的焦距值。然而,SIFT 等局部不变特征虽然具有良好的尺度不变性,但是当两幅图像具有较大的尺度变化时,特征匹配数目较少,因此当主动相机具有较大 zoom 变化范围时,较难或无法估计大 zoom 参数下的焦距。

针对该问题,本章通过在不同 zoom 参数下的并行计算估计焦距值,避免了上述问题。为了章节算法的完整性,下面对主动相机的内参获取过程作一全面描述,方法主要包括以下三个阶段。

步骤 1,计算主点坐标。如图 5.1 所示,保持主动相机 pan 和 tilt 参数不变,改变 zoom 参数,获得一组不同尺度下的图像序列,并分别对相邻尺度图像进行 SIFT 特征匹配,设 (u, v) 和 (u', v') 为其中一组匹配特征点,其所在图像的 zoom 参数为 z 和 z',等效焦距分别为 f 和 f',则由针孔摄像机模型的几何约束关系,可以得到如下等式,即

$$\frac{u - u_0}{u' - u_0} = \frac{v - v_0}{v' - v_0} = \frac{f}{f'} \tag{5.2}$$

约简得

$$u_0(v-v')+v_0(u'-u)=u'v-uv' \tag{5.3}$$

对大量冗余的匹配特征点,联立最小二乘参数辨识公式,可以得到主点的最优估计值。

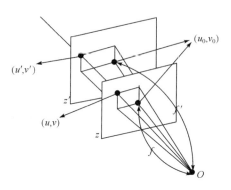

图 5.1　主点估计示意图

步骤 2,估计各离散 zoom 下的等效焦距。对某个固定 zoom 参数值 z,改变 pan 和 tilt 参数,可以获得参数为 (p,t,z) 和 (p',t',z) 的两幅图像。对其进行 SIFT 特征匹配,对每一组匹配特征点满足下式,即

$$\boldsymbol{x}=\kappa\boldsymbol{K}(z)\boldsymbol{R}(p,t)\boldsymbol{R}^{-1}(p',t')\boldsymbol{K}^{-1}(z)\boldsymbol{x}' \tag{5.4}$$

由于外参矩阵可通过已知的 pan 参数和 tilt 参数进行计算,主点已求得,因此对每一组匹配特征点求解上式可获得焦距的一个估计值,为了提高鲁棒性,可以利用多组匹配特征点求取焦距的平均值。为进一步对焦距进行精确求解,本章以所有匹配特征点的重投影误差最小建立目标函数,即

$$\begin{cases} E=\displaystyle\sum_{i=1}^{n}\parallel\boldsymbol{x}-\boldsymbol{x}''\parallel^2 \\ \boldsymbol{x}''=\kappa\boldsymbol{K}(z)\boldsymbol{R}(p,t)\boldsymbol{R}^{-1}(p',t')\boldsymbol{K}^{-1}(z)\boldsymbol{x}' \end{cases} \tag{5.5}$$

以上面估计的焦距平均值作为初值,利用 LM 算法[11]迭代计算焦距的最优估计值。

步骤 3,确定等效焦距随 zoom 参数的函数关系。通过步骤 2,可获得多组离散对应关系 $\{z,f(z)\}$,因此可通过模型拟合方法确定该函数关系。综合考虑函数系数个数和拟合误差等因素,选择式(5.6)所示的非线性模型,即

$$f(z) = m_1 e^{m_2 z} + m_3 e^{m_4 z} \tag{5.6}$$

通过上述步骤可获得每个主动相机的内部参数,获取的内部参数将作为后续建立球面公共坐标系和任意参数协同跟踪的基础。

5.2.2 基于球面经纬坐标的公共坐标系建立

为了实现两个相机的协同,引入球面经纬坐标系,其基本思想是对两相机的摄像机(笛卡儿)坐标系分别求取旋转矩阵 R_1 和 R_2,建立球面公共坐标系,并使对应点的经度值保持一致,纬度值用来描述视角差异。这样以球面公共坐标系作为中间桥梁,可方便实现两相机之间的信息交互和协同控制,并可将不同参数下的情形统一在球面坐标框架下。

为表述方便,首先给出三维笛卡儿直角坐标到二维球面经纬坐标的转换方法。设 X 为笛卡儿坐标系下的三维空间点,其归一化直角坐标为 $X = (x, y, z)^T$,则该点对应的二维球面经纬坐标为 (α, β),且经度 α 和纬度 β 满足下式,即

$$\begin{cases} \alpha = \text{sgn}(z) \cdot \arctan(z/y) \\ \beta = \arccos x \end{cases} \tag{5.7}$$

通过上式可以清楚地看出,若使两相机球面公共坐标系对应点经度值保持一致,二者对应的笛卡儿直角坐标系需要满足如下约束。

① 两个直角坐标系的三个对应轴(X 轴、Y 轴、Z 轴)相互平行。

② 两个 X 轴与基线(两相机光心连线)所在的直线重合。

一般情况下,当两相机安装固定后,相机直角坐标系无法直接满足上述条件,因此需要分别求取旋转矩阵 R_1 和 R_2。

如图 5.2 所示,本章将矩阵 R_1 和 R_2 的求解分为两步。

第一步,利用五点算法[12]分离出两相机的旋转矩阵 R_{12} 和平移向量 t_{12},记两相机分别为 Cam-1 和 Cam-2,并以 Cam-1 直角坐标系作为世界坐标系,则 Cam-2 直角坐标系通过 R_{12} 变换后,可保证两相机直角坐标系各对应轴相互平行。

第二步,利用旋转矩阵 R_{12} 和平移向量 t_{12} 确定的两相机相对姿态计算旋转矩阵 R_X,Cam-1 和 Cam-2 直角坐标系通过 R_X 变换后,可保证两

相机直角坐标系 X 轴与基线所在直线重合。

通过上述两步操作可得到最终的 $\boldsymbol{R}_1$ 和 $\boldsymbol{R}_2$，即 $\boldsymbol{R}_1 = \boldsymbol{R}_X$，$\boldsymbol{R}_2 = \boldsymbol{R}_{12}\boldsymbol{R}_X$。

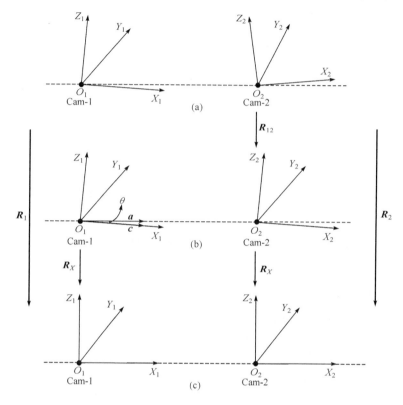

图 5.2 旋转矩阵估计示意图

基于上述两步分解策略，本章以 RANSAC 算法[13]作为总体框架，提出一种旋转矩阵 $\boldsymbol{R}_1$ 和 $\boldsymbol{R}_2$ 的自适应估计算法。该方法对于任意安装的双目主动相机，均可快速准确地建立球面公共坐标系，具有较强的适用性。算法具体步骤如下。

步骤 1，获取匹配样本集合。均匀采集监控场景中的 N 对图像，对每一对图像获取匹配特征点，利用 5.2.1 节获取的摄像机内部参数，将所有匹配点的图像坐标转换为各自摄像机坐标系的归一化笛卡儿直角坐标，得到匹配样本集合 $\Omega = \{\boldsymbol{X}_1^i, \boldsymbol{X}_2^i\}_{i=1}^M$。

步骤 2，估计随机样本下的旋转矩阵 $\boldsymbol{R}_{12}$。从集合 Ω 中随机抽取 5 个样本，利用五点算法求解本质矩阵 $\boldsymbol{E}$，并通过奇异值分解（singular value decomposition，SVD）的方法估计两相机间的相对旋转矩阵 $\boldsymbol{R}_{12}$ 和平移向量 $\boldsymbol{t}_{12}$。在实际应用中，五点算法可计算出多个可能的本质矩阵 $\boldsymbol{E}$，而一个本质矩阵 $\boldsymbol{E}$ 又可得到 4 个旋转矩阵 $\boldsymbol{R}_{12}$ 和平移向量 $\boldsymbol{t}_{12}$ 的可能解[14]。为了得到满足实际条件的正确解，可以通过下述方式剔除异常解。

① 对于多个可能的本质矩阵 $\boldsymbol{E}$，计算样本子集中点到对极线的距离之和，距离最小的 $\boldsymbol{E}$ 即为正确解。

② 对于正解 $\boldsymbol{E}$ 获得的四个 $\boldsymbol{R}_{12}$ 和 $\boldsymbol{t}_{12}$ 的可能解，利用点在相机前约束确定正确的 $\boldsymbol{R}_{12}$ 和 $\boldsymbol{t}_{12}$。

步骤 3，估计随机样本下的旋转矩阵 $\boldsymbol{R}_X$。如图 5.2(b) 所示，Cam-2 相机光心 O_2 在 Cam-1 坐标系的坐标等于 $-\boldsymbol{R}_{12}^{-1}\boldsymbol{t}_{12}$，即归一化向量 $\boldsymbol{a}$ 满足 $\boldsymbol{a} = -\boldsymbol{R}_{12}^{-1}\boldsymbol{t}_{12} / \parallel -\boldsymbol{R}_{12}^{-1}\boldsymbol{t}_{12} \parallel$。设 $\boldsymbol{c} = (1,0,0)^{\mathrm{T}}$ 为 Cam-1 坐标系 X 轴上的单位向量，则旋转矩阵 $\boldsymbol{R}_X$ 可通过下式计算，即

$$\begin{cases} \theta = \arccos(\boldsymbol{a} \cdot \boldsymbol{c}) \\ \boldsymbol{e} = \boldsymbol{c} \times \boldsymbol{a} \\ \boldsymbol{R}_X = \boldsymbol{I}_3 \cos\theta + (1-\cos\theta)\boldsymbol{e}\boldsymbol{e}^{\mathrm{T}} + [\boldsymbol{e}]_X \sin\theta \end{cases} \tag{5.8}$$

其中，θ 为向量 $\boldsymbol{a}$ 和 $\boldsymbol{c}$ 之间的夹角；$\boldsymbol{e}$ 为垂直于向量 $\boldsymbol{a}$ 和 $\boldsymbol{c}$ 的欧拉轴；$\boldsymbol{I}_3$ 表示 3×3 的单位阵；$[\boldsymbol{e}]_X$ 为 $\boldsymbol{e}$ 对应的反对称矩阵。

步骤 4，计算随机样本下的平均绝对经度偏差。首先，令 $\boldsymbol{R}_1 = \boldsymbol{R}_X$，$\boldsymbol{R}_2 = \boldsymbol{R}_{12}\boldsymbol{R}_X$，这样可建立一个球面公共坐标系，然后将集合 Ω 中所有样本变换到球面公共坐标系下，并计算经度值 $\{\alpha_1^i, \alpha_2^i\}_{i=1}^M$，最后利用下式计算平均绝对经度偏差，从而得到当前随机样本下的误差指标，即

$$\Delta\alpha = \frac{1}{M}\sum_{i=1}^{M} |\alpha_1^i - \alpha_2^i| \tag{5.9}$$

步骤 5，筛选最优旋转矩阵 $\boldsymbol{R}_1$ 和 $\boldsymbol{R}_2$。重复步骤 2~4 达 K 次后，选择平均绝对经度偏差 $\Delta\alpha$ 最小的旋转矩阵 $\boldsymbol{R}_1$ 和 $\boldsymbol{R}_2$ 作为最终估计结果。

5.2.3　结合场景深度范围的协同跟踪

利用上面建立的球面公共坐标系作为中间桥梁,结合场景深度范围即可实现目标的协同跟踪。不失一般性,这里同样以 Cam-1 为例论述协同跟踪的实现过程。设主动相机 Cam-1 当前参数为 (p_1, t_1, z_1),其发现目标后,采用基于颜色直方图的 Mean-shift 跟踪方法[15]逐帧获取目标位置。颜色模型选用受光照影响较小的 H 分量作为目标的颜色特征向量,并把 H 分量量化为 16 个色度空间,利用该分量核函数加权直方图作为目标模型,通过 Mean-shift 的迭代运算,可在当前帧中搜索与目标模型最相似的潜在目标,目标模型与候选模型的相似度用巴氏系数度量[16]。

Mean-shift 跟踪算法一般采用前一帧目标的中心作为当前帧跟踪窗口的初值进行迭代,当目标运动速度较快时,有可能丢失跟踪目标。为此引入 Kalman 滤波器[5],如图 5.3 所示。Kalman 滤波器具有两个作用。

① 通过先前帧的观测预测目标在当前帧的中心位置 x_1^n,并在当前帧的预测邻域内进行目标搜索与匹配,这样既可以提高迭代收敛速度,又可以减小目标丢失的可能性。

② 将跟踪目标中心位置的预测值 x_1^n 传送给相机 Cam-2,从而可以抵消图像处理和相机机械运动的延时误差,保证目标处于相机 Cam-2 的中心位置。

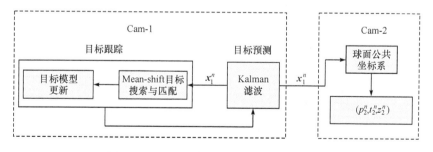

图 5.3　Cam-1 目标跟踪与目标预测示意图

根据每一时刻目标在 Cam-1 观测图像上的预测值 $\boldsymbol{x}_1^n$，通过 5.2.2 节建立的球面公共坐标系估计 Cam-2 参数 (p_2^n, t_2^n, z_2^n)，从而使目标处于 Cam-2 图像中心位置。具体实现过程可分为如下步骤，如图 5.4 所示。

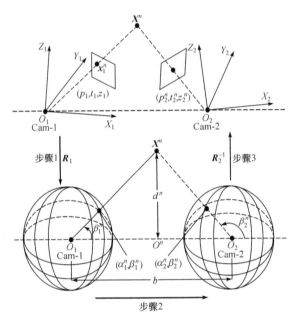

图 5.4　Cam-2 参数估计流程图

步骤 1，Cam-1 图像坐标到 Cam-1 球面坐标的变换。设 n 时刻目标在 Cam-1 像平面上的预测值为 $\boldsymbol{x}_1^n$，根据 5.2.1 节获取的摄像机内部参数和 5.2.2 节估计的旋转矩阵 $\boldsymbol{R}_1$，将其变换到 Cam-1 球面坐标系下，得到经纬度 (α_1^n, β_1^n)，即

$$\begin{cases} \boldsymbol{X}_1^n = \kappa \boldsymbol{R}^{-1}(p_1, t_1) \boldsymbol{K}^{-1}(z_1) \boldsymbol{x}_1^n \\ \boldsymbol{X}_1^{nr} = \boldsymbol{R}_1 \boldsymbol{X}_1^n \\ \alpha_1^n = \operatorname{sgn}(\boldsymbol{X}_1^{nr}(3)) \cdot \arctan(\boldsymbol{X}_1^{nr}(3)/\boldsymbol{X}_1^{nr}(2)) \\ \beta_1^n = \arccos \boldsymbol{X}_1^{nr}(1) \end{cases} \tag{5.10}$$

其中，κ 为某个尺度因子，满足 $\|\boldsymbol{X}_1^n\| = 1$；$\boldsymbol{X}_1^{nr}$ 为 $\boldsymbol{X}_1^n$ 经旋转矩阵 $\boldsymbol{R}_1$ 变换后的笛卡儿坐标；$\boldsymbol{X}_1^{nr}(m)$ 表示向量 $\boldsymbol{X}_1^{nr}$ 的第 m 个元素。

步骤 2，Cam-1 球面坐标到 Cam-2 球面坐标的映射。此步骤的目的是由 Cam-1 球面坐标系的经纬度(α_1^n, β_1^n)计算对应点在 Cam-2 球面坐标系的经纬度(α_2^n, β_2^n)。由于建立球面公共坐标系的目的是使对应点的经度值保持一致,因此 $\alpha_2^n = \alpha_1^n$。为了估计纬度 β_2^n,设 n 时刻目标深度为 d^n,深度定义为目标到基线的距离,其与基线交于点 O^n,b 为两相机基线长度,如图 5.4 所示。令 $O_1 O^n = b_1^n$,$O_2 O^n = b_2^n$,则有

$$\begin{cases} \tan\beta_1^n = d^n / b_1^n \\ \tan(\pi - \beta_2^n) = d^n / b_2^n \\ b = b_1^n + b_2^n \end{cases} \tag{5.11}$$

约简得

$$\beta_2^n = \tan^{-1}\left(\frac{-d^n \cdot \tan\beta_1^n}{b \cdot \tan\beta_1^n - d^n} \right) \tag{5.12}$$

事实上,目标深度 d^n 是无法获知的。考虑在大场景下,监控场景深度远大于两相机基线长度 b,因此给定场景深度范围 $d_{\min}$ 和 $d_{\max}$,分别估计对应的纬度 $\beta_{2\to\max}^n$ 和 $\beta_{2\to\min}^n$,如图 5.5 所示。

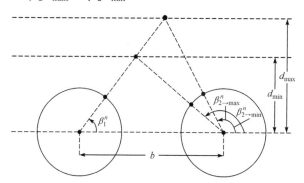

图 5.5　根据深度范围确定纬度范围示意图

由于基线长度远小于场景深度,$\beta_{2\to\max}^n$ 和 $\beta_{2\to\min}^n$ 差异很小,同时考虑方法的实时性要求,可以采用线性加权的方法估计 Cam-2 纬度值 β_2^n,即

$$\begin{aligned} \beta_2^n &= (\beta_{2\to\max}^n + \beta_{2\to\min}^n)/2 \\ &= \left[\tan^{-1}\left(\frac{-d_{\min} \cdot \tan\beta_1^n}{b \cdot \tan\beta_1^n - d_{\min}} \right) + \tan^{-1}\left(\frac{-d_{\max} \cdot \tan\beta_1^n}{b \cdot \tan\beta_1^n - d_{\max}} \right) \right] \bigg/ 2 \end{aligned}$$

$$\tag{5.13}$$

步骤3,Cam-2球面坐标到Cam-2摄像机直角坐标的变换及(p_2^n, t_2^n, z_2^n)估计。估计出目标质心在Cam-2球面坐标系下的经纬度(α_2^n, β_2^n)后,首先将其变换到摄像机直角坐标系下,即

$$\begin{cases} \boldsymbol{X}_2^{nr} = (\cos\beta_2^n, \sin\beta_2^n\cos\alpha_2^n, \sin\beta_2^n\sin\alpha_2^n)^T \\ \boldsymbol{X}_2^n = \boldsymbol{R}_2^{-1}\boldsymbol{X}_2^{nr} \end{cases} \tag{5.14}$$

其中,$\boldsymbol{X}_2^{nr}$为目标在球面坐标系下的笛卡儿坐标;$\boldsymbol{R}_2^{-1}$为旋转矩阵$\boldsymbol{R}_2$的逆矩阵;$\boldsymbol{X}_2^n$为目标在Cam-2摄像机坐标系下的坐标。

给定Cam-2摄像机坐标系下的观测点$\boldsymbol{X}_2^n$,根据pan参数和tilt参数在摄像机坐标系下的物理意义,可估计参数p_2^n和t_2^n,使得当相机运动到该参数时,点$\boldsymbol{X}_2^n$位于图像主点(近似为图像中心)位置。对于zoom参数z_2^n,可根据具体应用赋予相应值。

估计出相机参数(p_2^n, t_2^n, z_2^n)后,即可通过串口发送命令控制相机Cam-2运动到指定参数。主动相机控制包括参数控制和速度控制两部分。对于参数控制,由于在Cam-1目标跟踪环节引入了预测机制,因此可以部分抵消指令发出的通信延迟,以及相机机械运动的延时误差,保证目标处于Cam-2中心位置。此外,相机pan和tilt运动的速度应与目标运动的速度成正比,因此采用与4.4.4节相同的速度控制策略,即在Cam-1图像中度量前一帧目标中心位置和当前帧目标预测位置的差异,如果某个方向坐标偏移较大,则给定一较大速度;反之,则给定一较小速度(x方向坐标差异对应pan控制速度,y方向坐标差异对应tilt控制速度),这样可以保证跟踪的平滑性,并降低相机运动带来的图像模糊。

5.3　高分辨率全景图生成算法

利用上述算法,可以获得感兴趣目标的多分辨率协同跟踪结果,其中Cam-1视场较大,用于获得目标运动的低分辨率全景图像,Cam-2视场较小,用于获得跟踪目标的高分辨率局部信息。然而,在实际应用中,人们往往希望获得目标运动的高分辨率全景图像,这样既可得到跟踪目标的清晰视图,为日后的查询、回溯等工作提供参考信息,又可获

取目标在高分辨率全景中的运动轨迹,从而根据目标与周围环境的交互,为分析目标行为提供重要依据。

针对该应用,本章提出一种高分辨率全景图生成方法,方法包括三个主要步骤。

第一步,采用由粗到精的策略估计同步帧图像的配准模型。

第二步,利用上述配准模型协同分离出同步帧图像的背景和前景区域。

第三步,将第二步获得的背景区域和前景区域依次映射到全景图中,生成最终结果。

图 5.6 给出了高分辨率全景图生成算法的流程图,其中 Cam-1 在低分辨率下跟踪感兴趣目标,Cam-2 根据 Cam-1 提供的位置信息,利用 5.2 节算法主动跟踪目标。图中 I_1^n 和 I_2^n 分别代表 Cam-1 和 Cam-2 在 n 时刻的捕获图像,A_{12}^n 为同步帧图像 I_1^n 和 I_2^n 的配准模型。

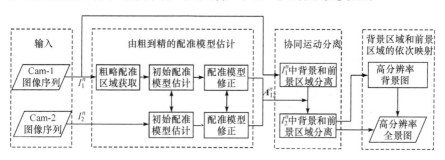

图 5.6　高分辨率全景图生成算法流程图

5.3.1　由粗到精的配准模型估计

配准模型是指两幅二维图像所具备的几何变换关系,常用的变换包括刚体变换、仿射变换、投影变换和非线性变换等[17]。配准模型的选择一般与场景条件,以及图像捕获设备的几何结构有关。由于双目主动视觉系统一般应用于大视场的监控,此时两相机基线长度远小于监控场景深度,因此可以选择仿射变换作为两相机同步帧图像的配准模型。

由于两相机的视场差异及对光照条件的自适应等影响因素,导致两幅图像存在较大的尺度变化和灰度差异,增加了图像配准的难度。

现有的图像配准方法主要可以分为基于区域的方法和基于特征的方法[18]。基于区域的方法通常采用图像的全部或部分区域进行统计比较,在一定的度量准则下估计配准模型参数,该方法一般可以取得较高的配准精度,但难以处理尺度和灰度特性差异较大的图像。随着局部不变特征的发展,基于特征的配准方法得到了广泛的应用。该方法最大的优点在于对视角差异、尺度缩放、光照变化等保持一定的不变性,因此可以方便地实现两幅差异较大图像之间的配准,然而由于特征分布的不可预测性,该方法的配准精度较低[19]。针对本章的问题,基于逐步逼近的思想,采用由粗到精的策略实现配准模型的估计。

① 采用基于特征的方法估计配准模型的初始值。

② 利用区域比较的思想对初始模型进行修正,获得精确的配准模型。

该方法充分结合了基于特征和基于区域两种方法的优势,具体实现过程如下。

1. 粗略配准区域获取

SURF 等局部不变特征虽然具有良好的尺度不变性,但是当同步帧图像 I_1^n 和 I_2^n 具有较小的重合区域时,这些特征的性能急剧下降。因此,为了降低非重合区域对特征匹配造成的干扰,减少计算量,本章首先在图像 I_1^n 中确定粗略配准区域 $\Re$。设 $\boldsymbol{x}_1^n$ 为 Cam-1 在 n 时刻通过 Mean-shift 方法获取的目标质心坐标,首先对相邻 40 帧的质心坐标进行平滑,然后以平滑后的质心坐标为区域中心,将大小为 $m \times m$ 的区域确定为粗略配准区域。

2. 初始配准模型估计

获得图像 I_1^n 中的粗略配准区域 $\Re$ 后,采用 SURF 特征配准方法估计初始配准模型 $\boldsymbol{A}_{12}^{n'}$。首先,在 I_1^n 局部区域 $\Re$ 和图像 I_2^n 中提取 SURF 特征点,并生成特征描述符向量。然后,采用特征向量余弦夹角的判定准则进行特征匹配,设 $\boldsymbol{P}_1^i(i=1,2,\cdots,n_1)$ 和 $\boldsymbol{P}_2^j(j=1,2,\cdots,n_2)$ 分别为区域 $\Re$ 和图像 I_2^n 中的 SURF 特征点,其对应的归一化特征描述符向量

为 $\textbf{des}_1^i$ 和 $\textbf{des}_2^j$，则 $\boldsymbol{P}_1^i$ 和 $\boldsymbol{P}_2^j$ 的相似度可用下式衡量，即

$$\theta(\boldsymbol{P}_1^i, \boldsymbol{P}_2^j) = \arccos(\textbf{des}_1^i \cdot \textbf{des}_2^j) = \arccos\left[\frac{(\textbf{des}_1^i)^{\mathrm{T}} \textbf{des}_2^j}{\| \textbf{des}_1^i \| \ \| \textbf{des}_2^j \|}\right]$$

(5.15)

计算所有夹角并排序，若 $\theta(\boldsymbol{P}_1^i, \boldsymbol{P}_2^j)$ 为最小夹角，且该夹角与次小夹角的比值小于某个阈值，则 $\boldsymbol{P}_1^i$ 和 $\boldsymbol{P}_2^j$ 为一对匹配点。最后，为了减小误匹配特征点的影响，采用 RANSAC 的框架估计初始配准模型 $\boldsymbol{A}_{12}^{n'}$。

3. 配准模型修正

由于匹配的 SURF 特征点很难均匀分布在两幅配准图像的视场中，因此上面估计的初始配准模型精度较低。尽管如此，通过初始配准模型 $\boldsymbol{A}_{12}^{n'}$，我们可以较为准确地将图像 I_2^n 定位到图像 I_1^n 中，并且可以采用区域比较的思想对配准模型进行修正。设 $I_2^{n'}$ 为图像 I_2^n 根据初始配准模型 $\boldsymbol{A}_{12}^{n'}$ 映射到 I_1^n 图像平面上获得的新图像，区域比较的基本思路是估计最优的配准模型 $\boldsymbol{A}_{12}^{n''}$，以使图像 $I_2^{n'}$ 和 I_1^n 重合区域内对应像素灰度差的平方和最小。

然而，由于两相机的视场差异，以及对光照的自适应等因素，图像 $I_2^{n'}$ 和 I_1^n 具有较大的灰度差异，而基于区域比较的方法一般需要两幅图像具有较好的灰度可比性，因此需要对两幅图像进行灰度调整。本章选择三段线性函数建立两幅图像之间的灰度映射，其表达形式为

$$I_2^{n'}(x, y) = \begin{cases} k_1 I_1^n(x, y), & 0 \leqslant I_1^n(x, y) < a \\ k_2 I_1^n(x, y) + b_2, & a \leqslant I_1^n(x, y) < b \\ k_3 I_1^n(x, y) + b_3, & b \leqslant I_1^n(x, y) \leqslant 255 \end{cases}$$

(5.16)

其中，k_1, k_2, b_2, k_3, b_3 为三段线性函数的参数；a 和 b 为灰度分段点。

首先，计算分段点 a 和 b，设两图像 I_1^n 和 I_2^n 重合区域的累积灰度直方图为 hist_1 和 hist_2，在累积直方图中分别采样 S_l 个样本点 $g_1(l)$($l = 1, 2, \cdots, S_l$) 和 $g_2(l)$($l = 1, 2, \cdots, S_l$)，使得这些样本点满足下式，即

$$\begin{cases} \mathrm{hist}_1(g_1(l)) = l/(S_l + 1) \\ \mathrm{hist}_2(g_2(l)) = l/(S_l + 1) \end{cases}$$

(5.17)

$[g_1(1), g_1(S_l)]$ 可称为主体灰度映射区间,其对应像素数目约为两图像重合区域的 $(S_l-1)/(S_l+1)$,因此可取 $a=g_1(1)$, $b=g_1(S_l)$。根据样本点 $g_1(l)(l=1,2,\cdots,S_l)$ 和 $g_2(l)(l=1,2,\cdots,S_l)$,利用最小二乘方法估计主体灰度映射函数,可以得到参数 k_2 和 b_2。最后,为保证灰度映射的封闭性,可以计算得到参数 k_1,k_3 和 b_3。

利用灰度映射函数,对图像 I_1^n 进行灰度调整,记灰度调整后的图像为 $I_1^{n\prime}$,此时图像 I_1^n 和 I_2^n 的配准模型近似为 3×3 的单位阵。因此,根据区域比较的思想,可通过优化下式对配准模型进行修正,即

$$\boldsymbol{A}_{12}^{n\prime\prime} = \underset{A}{\arg\min} \sum_i^v \| I_1^{n\prime}(x_i, y_i) - I_2^n(\boldsymbol{A}(x_i, y_i)) \|^2 \qquad (5.18)$$

其中,v 为图像 I_1^n 和 I_2^n 重合区域内的像素个数;$\boldsymbol{A}$ 为仿射变换矩阵。

为解上述优化问题,本章采用迭代参数增量估计的方法[19,20]进行优化求解。该方法在每次迭代中,通过计算图像 Hessian 矩阵估计配准模型参数增量,并对当前估计模型进行更新。$\boldsymbol{A}$ 初值取为单位阵,迭代次数固定为 3。经过模型修正步骤,最终的配准模型由两部分组成,即

$$\boldsymbol{A}_{12}^n = \boldsymbol{A}_{12}^{n\prime} \boldsymbol{A}_{12}^{n\prime\prime} \qquad (5.19)$$

为了直观的对比配准效果,可以将图像 I_1^n 的粗略配准区域 $\mathfrak{R}$ 放大 k 倍,得到区域 $\mathfrak{R}'$,则 $\mathfrak{R}'$ 与 I_2^n 的配准模型为

$$\bar{\boldsymbol{A}}_{12}^n = \boldsymbol{A}_{12}^n \times \begin{bmatrix} 1/k & 0 & l-1/k \\ 0 & 1/k & t-1/k \\ 0 & 0 & 1 \end{bmatrix} \qquad (5.20)$$

其中,变量 l 和 t 分别为区域 $\mathfrak{R}$ 在图像 I_1^n 中的左边界和上边界,分别利用步骤 2 和步骤 3 得到的配准模型,将图像 I_2^n 映射到放大图像 $\mathfrak{R}'$ 中,可以得到两幅图像的配准对比结果。

图 5.7 给出了三组示例,从实验结果可以看出,通过模型修正步骤,配准精度可得到较大提高。实验中,粗略配准区域的大小为 150×150,即 $m=150$;直方图采样点数目为 $S_l=19$;区域 $\mathfrak{R}$ 放大倍数为 $k=3$,即区域 $\mathfrak{R}'$ 大小为 450×450。

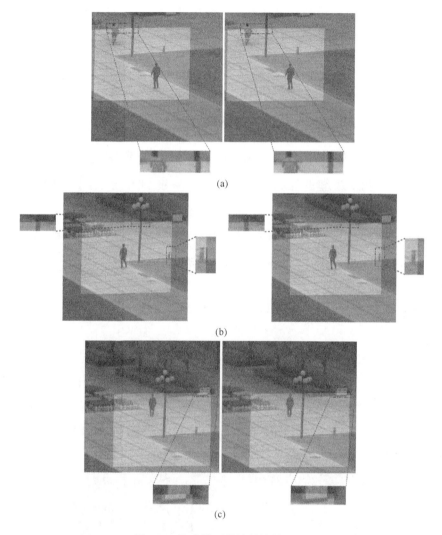

图 5.7　配准模型估计的性能对比

5.3.2　协同运动分离

　　获得两相机同步帧图像的精确配准模型后,依托 Cam-1 运动分离的可靠性和稳定性,即可实现两相机同步帧图像的协同运动分离。具体实现过程描述如下。

　　① 利用静态背景下的背景减除法获得图像 I_1^n 中的背景和前景区域。

② 利用 5.3.1 节估计的精确配准模型将图像 I_2^n 映射到 I_1^n 图像平面上,并获得各像素之间的对应关系。

③ 根据 I_1^n 中的运动分离结果,通过逐像素比对,可以获得图像 I_2^n 的背景区域和前景区域。

5.3.3　背景区域和前景区域的依次映射

通过上述步骤可以获得每帧图像 I_2^n 中的背景区域和前景区域,因此可以采用分层处理的策略将两者依次映射到全景图中,从而生成最终的高分辨率全景结果。首先,将高分辨率全景图 I_H 的大小设为原始图像大小的 q 倍,q 可由两相机同步帧图像的尺度比近似计算,设 A_{12}^n 为 n 时刻图像 I_2^n 和 I_1^n 的配准模型,则 I_2^n 与全景图 I_H 之间的配准模型为

$$A^n = A_{12}^n \times \begin{bmatrix} 1/q & 0 & 1-1/q \\ 0 & 1/q & 1-1/q \\ 0 & 0 & 1 \end{bmatrix} \qquad (5.21)$$

然后,依次将每一时刻 I_2^n 的背景区域映射到 I_H 中,并采用 Running Average[21] 方法进行更新。最后,依次将 I_2^n 的前景区域映射到 I_H 中,生成每一时刻的高分辨率全景图。图 5.8 给出了高分辨率全景图的一个示例(为了可视效果及节省空间,这里将四帧图像的前景映射到一张图像中)。

图 5.8　高分辨率全景图的结果示例

5.4 基于共面约束的目标跟踪算法

本书第 4 章提出一种基于地平面约束的静止相机与主动相机目标跟踪算法,由于平面约束可建立点对点的对应,因此可方便实现两相机的协同。受该思想的启发,本节将平面约束引入双目主动视觉系统中,提出一种基于共面约束的协同跟踪算法。该方法同样可以实现两相机在任意参数下的协同跟踪。

不失一般性,本节同样以 Cam-1 为例论述共面约束协同跟踪的实现过程,即 Cam-1 在任意参数(p_1,t_1,z_1)下,根据 n 时刻跟踪目标在 Cam-1 图像上的观测位置 x_1^n,计算 Cam-2 参数(p_2^n,t_2^n,z_2^n),使得跟踪目标处于 Cam-2 图像中心位置。值得说明的是,本节方法仍需要获取每个相机的内部参数,其计算过程可参见 5.2.1 节。

5.4.1 共面约束的引入与估计

在大场景中,运动目标往往约束在某一参考平面上,而该平面上的点在两相机的成像点满足单应约束关系。利用单应约束,从一个像平面上的点可以得到其在另一个像平面上的对应点,因此利用该约束可建立两相机之间的坐标关联。

如图 5.9 所示,在目标质心确定的平行于地平面的平面上建立参考平面,两相机拍摄参考平面上的同一块区域,设此时两相机参数分别

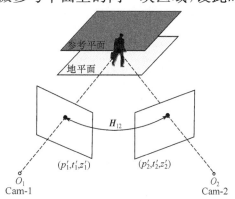

图 5.9 双目主动相机的单应约束示意图

为(p'_1,t'_1,z'_1)和(p'_2,t'_2,z'_2)，矩阵$\boldsymbol{H}_{12}$代表参考平面诱导的两相机参数为(p'_1,t'_1,z'_1)和(p'_2,t'_2,z'_2)时的单应性矩阵。

为了估计$\boldsymbol{H}_{12}$，仍然沿用上一章中提出的单应矩阵自标定思想。不同之处在于，在目标匹配环节结束后，本章利用目标质心的对应关系估计单应矩阵$\boldsymbol{H}_{12}$。这是由于参考平面是建立在目标质心确定的平行于地平面的平面上。

5.4.2　系统具有的两个性质

通过 5.2.1 节的内部参数获取，以及 5.4.1 节的单应矩阵估计，双目主动视觉系统将具有如下两个性质。这两个性质是后续实现两相机任意参数协同跟踪的基础。

1. 系统性质 1

对于已经获得内部参数的单目主动相机（利用 5.2.1 节所述步骤），给定参数(p,t,z)及图像平面或其延伸平面上的某一点$\boldsymbol{x}$，可计算对应的参数 pan 和参数 tilt(p',t')，使得当相机运动到该参数时，点$\boldsymbol{x}$位于图像主点位置。

如图 5.10 所示，(u_0,v_0)和$f(z)$分别为相机主点坐标和等效焦距。设$\boldsymbol{x}$点坐标为(u,v)，则由针孔相机模型，可计算参数 pan 和参数 tilt 需要改变的绝对夹角Δp和Δt，并由点$\boldsymbol{x}$在图像平面上的位置确定最终的参数 pan 和参数 tilt(p',t')。

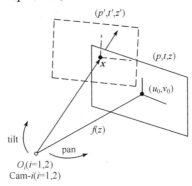

图 5.10　系统性质 1 示意图

$$\begin{cases} \Delta p = \arctan \dfrac{|u-u_0|}{f(z)} \\ \\ \Delta t = \arctan \dfrac{|v-v_0|}{f(z)} \end{cases} \tag{5.22}$$

$$\begin{cases} p' = p + \Delta p, t' = t - \Delta t, & u \geqslant u_0 \wedge v \geqslant v_0 \\ p' = p + \Delta p, t' = t + \Delta t, & u \geqslant u_0 \wedge v < v_0 \\ p' = p - \Delta p, t' = t - \Delta t, & u < u_0 \wedge v \geqslant v_0 \\ p' = p - \Delta p, t' = t + \Delta t, & 其他 \end{cases} \tag{5.23}$$

2. 系统性质 2

对于已经获得相机间单应矩阵的双目主动相机,两相机在任意参数下,通过两个单应矩阵建立坐标关联。

同样以 Cam-1 为例进行说明。如图 5.11 所示,Cam-1 在参数 (p_1, t_1, z_1) 和 (p_1', t_1', z_1') 下的成像平面分别记为 I_1 和 I_1',Cam-2 在参数 (p_2', t_2', z_2') 下的成像平面记为 I_2';(p_1', t_1', z_1') 和 (p_2', t_2', z_2') 为 5.4.1 节中估计参考平面诱导的单应矩阵时的两相机对应参数,设该单应矩阵的估计值为 $\boldsymbol{H}_{12}$。若已知参考平面上的某点在 Cam-1 像平面上 I_1 的投影 $\boldsymbol{x}_1$,根据单目主动相机模型,可计算该点在 Cam-1 像平面 I_1' 或其延伸平面上的对应点 $\boldsymbol{x}_1'$,即

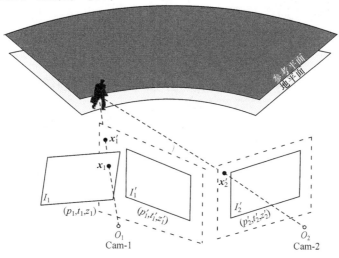

图 5.11 系统性质 2 示意图

$$\boldsymbol{x}_1' = {}_\kappa\boldsymbol{K}(z_1')\boldsymbol{R}(p_1',t_1')\boldsymbol{R}(p_1,t_1)^{-1}\boldsymbol{K}(z_1)^{-1}\boldsymbol{x}_1 = \boldsymbol{H}_1\boldsymbol{x}_1 \qquad (5.24)$$

其中,单应矩阵 $\boldsymbol{H}_1$ 仅与参数 (p_1,t_1,z_1) 和 (p_1',t_1',z_1') 有关。

给定 $\boldsymbol{x}_1'$,根据 5.4.1 节单应矩阵的估计结果 $\boldsymbol{H}_{12}$,可计算该点在 Cam-2 像平面 I_2' 或其延伸平面上的对应点 $\boldsymbol{x}_2'$,即

$$\boldsymbol{x}_2' = \boldsymbol{H}_{12}\boldsymbol{x}_1' \qquad (5.25)$$

由多视图几何理论,在两相机安装固定及参考平面选定后, $\boldsymbol{H}_{12}$ 仅与参数 (p_1',t_1',z_1') 和 (p_2',t_2',z_2') 有关[22]。因此,综合等式(5.24)和式(5.25)可知,Cam-1 在任意参数 (p_1,t_1,z_1) 下均可通过两个单应矩阵与 Cam-2 建立坐标关联,且两个单应矩阵只与相机参数有关,而与图像内容无关。

5.4.3　协同跟踪的实现

利用上述两个性质,即可实现两相机任意参数的协同跟踪,流程如图 5.12 所示。设 Cam-1 当前参数为 (p_1,t_1,z_1),其发现感兴趣目标后,同样采用 Mean-shift 算法[15]逐帧获取目标运动轨迹,并利用 Kalman 滤波器预测目标位置。设 n 时刻跟踪目标在 Cam-1 图像上的预测位置为 $\boldsymbol{x}_1^n$,则每一时刻 Cam-1 将相机当前参数 (p_1,t_1,z_1) 和目标预测位置 $\boldsymbol{x}_1^n$ 传送给相机 Cam-2。Cam-2 首先利用系统性质 2 建立两相机之间的坐标关联,即依次将目标定位到相机 Cam-1 参数 (p_1',t_1',z_1') 像平面或其延伸平面上,以及相机 Cam-2 参数 (p_2',t_2',z_2') 像平面或其延伸平面上,然后由系统性质 1 计算 Cam-2 相机参数 (p_2^n,t_2^n,z_2^n),使目标处于图像中心位置。由系统性质 2 可知,两个单应矩阵仅与相机参数有关,而与图像内容无关,因此两个参数 (p_1',t_1',z_1') 和 (p_2',t_2',z_2') 的像平面可看作虚拟平面,本章将在实验部分给出实现过程的直观解释。

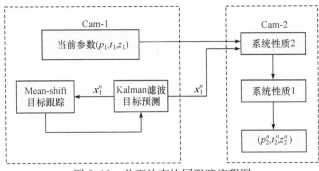

图 5.12　共面约束协同跟踪流程图

5.5　实验结果及其分析

本章仍采用 SONY EVI D70P 系列 PTZ 相机进行实验验证，两个 PTZ 相机安装在室内屋顶用来监控室外大场景，实验场景的深度为 50～200m。

5.5.1　球面坐标协同跟踪的实验结果

1. 内参获取实验测试

本章选取特征点较丰富的场景估计相机内部参数。对于主点估计，所用相机的 zoom 变化范围为 0～18，因此通过采集 19 幅图像进行估计；对于焦距随 zoom 参数的模型估计，每个相机在固定 zoom 参数下，分别获取 2 幅图像进行估计（每个相机共获取 38 幅图像），并通过模型拟合方式获得最终的模型系数。表 5.1 和图 5.13 分别给出了实验测得的两相机内部参数和焦距随 zoom 参数的模型拟合结果。

表 5.1　相机内参估计实验结果

相机序号	u_0	v_0	m_1	m_2	m_3	m_4
Cam-1	151.63	126.67	345.30	0.116	1.78	0.424
Cam-2	155.82	122.79	346.80	0.114	1.69	0.428

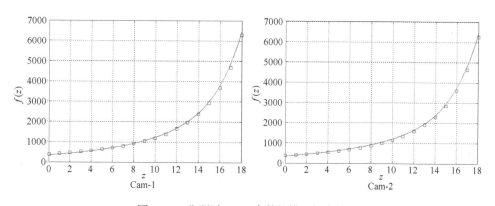

图 5.13　焦距随 zoom 参数的模型拟合结果

由于相机内部参数的真实值难以获知，本章采用间接方式评测估计结果的准确性。如式(5.24)所示,单目主动相机在不同参数拍摄图像的对应点满足单应矩阵关系,且该单应矩阵与内参估计结果有关,因此可以采用图像配准的方法判断估计结果的准确性。如图 5.14 和图 5.15 所示分别给出两相机各一组实验的配准结果,其中 Cam-1 两幅图像的参数为(-74.84,-12.67,9.80)和(-71.76,-14.77,13.00),Cam-2 两幅图像的参数为(-66.89,-8.93,12.00)和(-66.21,-7.95,14.80)。从实验结果可以看出,两幅图像得到了很好的配准,特别是柱子、旗杆等形状特征较明显的区域衔接的很自然。

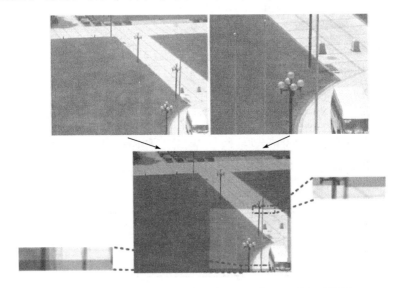

图 5.14　利用 Cam-1 内参估计值进行图像配准的实验结果

2. 球面公共坐标系建立的准确性验证

球面坐标协同跟踪的核心思想是使对应点在球面公共坐标系下的经度值保持一致,因此可利用平均绝对经度偏差衡量球面公共坐标系建立的准确性。在实验中,均匀采集监控场景中的 8 对图像,并使每对图像的视场基本保持一致以获得更多的匹配特征点,为了减轻错误特征匹配的影响,利用 RANSAC 方法剔除误匹配。然后,利用上述匹配特征点构成的样本集合,运行 5.2.2 节算法得到旋转矩阵 R_1 和 R_2 的最优估计值。为了更直观地展示结果,矩阵 R_1 和 R_2 变换前后的平均

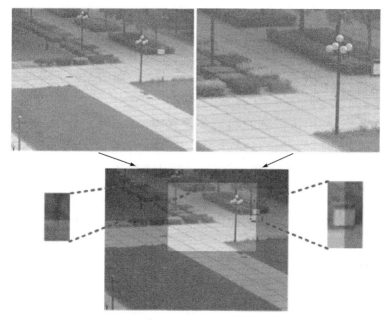

图 5.15 利用 Cam-2 内参估计值进行图像配准的实验结果

绝对经度偏差（单位为弧度）如图 5.16 所示。

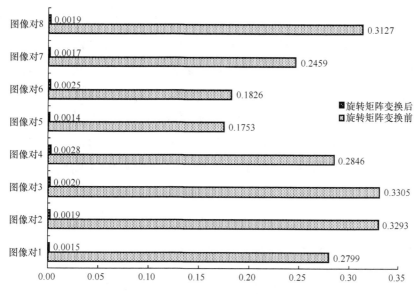

图 5.16 旋转矩阵变换前后平均绝对经度偏差的比对

上述结果可认为是当前所有训练样本的估计误差。由于实际应用中没有建立球面公共坐标系的真实 R_1 和 R_2 作为参考,因此只能通过计算测试样本的平均绝对经度残差进一步衡量矩阵 R_1 和 R_2 估计的准确性。为此,本章在监控场景中重新获取 8 对图像,将每对图像的匹配特征点合并构成测试样本,然后计算矩阵 R_1 和 R_2 变换后的平均绝对经度偏差,统计得到偏差为 0.0031 弧度。需要说明的是,本章方法是基于统计意义的,即用于训练的图像对数目越多,变换矩阵 R_1 和 R_2 的估计越准确。为证明这一结论,从训练图像对中随机抽取 1 组和 4 组图像对,分别估计变换矩阵 R_1 和 R_2,然后计算测试样本的平均绝对经度偏差,并将其与全部训练图像对的估计结果进行比较,结果如表 5.2 所示。

表 5.2　不同训练图像数目的平均绝对经度偏差

训练图像数目	平均绝对经度偏差
1	0.0126
4	0.0075
8	0.0031

3. 球面坐标协同跟踪的实验结果

利用球面公共坐标系,可以在线实现两相机任意参数下的协同跟踪。实验通过系统界面任意调整摄像机参数,可以获得两相机不同参数下的多组协同跟踪结果。鉴于篇幅,本章只列出了其中两组实验结果,对应两相机分别用于全景监控的情况,如图 5.17 所示。在图 5.17 (a) 中,Cam-1 为全景监控相机,对应的摄像机参数为(－63.52,－11.32,11.50),Cam-2 根据本章方法计算自身参数 pan 和参数 tilt,从而以高分辨率动态跟踪目标,由于大视场下,跟踪目标尺度变化较小,本章对 Cam-2 给定 zoom 为 18。在图 5.17(b) 中,Cam-2 用于全景监控的实验结果,其对应的参数 pan-tilt-zoom 为(－90.66,－13.50,10.00)。

5.5.2　高分辨率全景图生成的实验结果

首先,验证本章配准方法的有效性。由于通过模型修正步骤实现对初始配准模型的精度提升,因此本章将未采用模型修正步骤和采用模型修正步骤的方法分别表示为初始配准法和配准修正法。为了定量

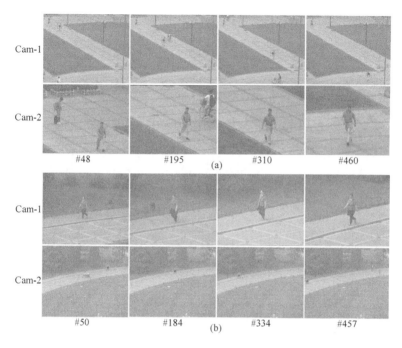

图 5.17 球面坐标协同跟踪的实验结果

的比较两种方法,采用两幅图像配准重合区域对应像素灰度的平均绝对差异(mean absolute difference, MAD)[23] 作为评价准则, MAD 越小, 表明两幅图像之间的配准模型估计的越准确。MAD 可由下式计算,即

$$\text{MAD}(I_1^n, I_2^n) = \frac{1}{W \times H} \sum_{x=1}^{W} \sum_{y=1}^{H} \left| I_1^n(x,y) - I_2^{n\prime}(x,y) \right| \quad (5.26)$$

其中, I_2^n 为图像 I_2^n 利用配准模型映射到图像 I_1^n 平面上获得的新图像; W 和 H 分别代表 I_1^n 和 $I_2^{n\prime}$ 重合区域的宽度和高度。

将图 5.17 的两组实验结果作为评测对象,以 10 帧为间隔选取多组同步图像对,分别利用初始配准法和配准修正法得到的配准模型计算 MAD 值,结果如图 5.18 所示。图 5.18(a)和图 5.18(b)分别代表图 5.17(a)和图 5.17(b)两组视频序列的 MAD 比较结果,需要指出的是,由于高分辨率相机在前 50 帧一般处于参数调整的过程,因此从 50 帧开始等间隔选取。从实验结果可以看出,两种方法得到的 MAD 值具有相同的变化趋势,但配准修正法具有较小的 MAD 值,表明本章配准方法的有效性。

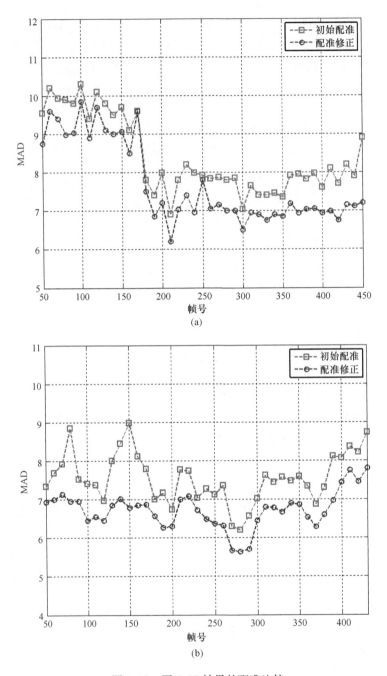

图 5.18　图 5.17 结果的配准比较

　　图 5.19 给出了如图 5.17 所示图像的高分辨率全景图。为了可视效果和节省空间,本章将其中四帧的前景信息映射到一张图像中。从实验结果可以看出,高分辨率全景图既可得到跟踪目标的清晰图像,又可获取目标在大场景中的运动信息,从而为行为分析、姿态识别等后续应用奠定了基础。

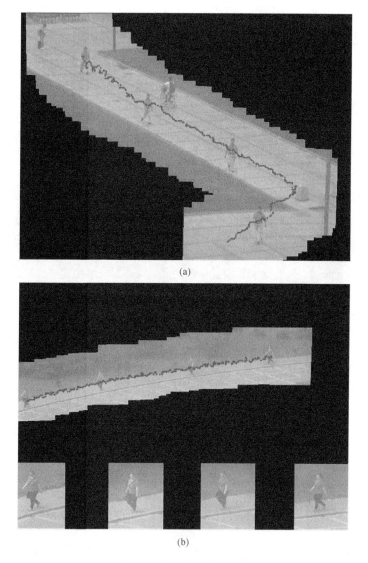

(a)

(b)

图 5.19　图 5.17 所示结果的高分辨率全景图

5.5.3　共面约束协同跟踪的实验结果

　　5.4 节提出一种基于共面约束的协同跟踪算法,该方法同样可以实现两相机任意参数的协同跟踪。为了证明该方法的有效性,我们同样在系统界面上任意改变摄像机参数,可以获得多组协同跟踪结果。图 5.20 和图 5.21 给出了其中两组示例,分别对应两相机用于全景监控的情形。在图 5.20 中,Cam-1 为全景监控相机,其参数为(−77.08,−9.33,11.80),Cam-2 在最高 zoom 参数下动态跟踪目标。在图 5.21 中,Cam-2 为全景监控相机,其参数为(−66.52,−11.55,11.00),Cam-1 在高分辨率下动态跟踪目标。

图 5.20　共面约束协同跟踪的实验结果(Cam-1 为全景监控相机)

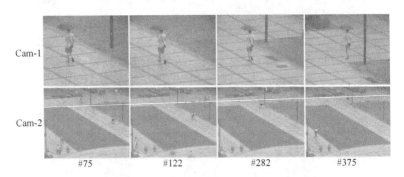

图 5.21　共面约束协同跟踪的实验结果(Cam-2 为全景监控相机)

　　图 5.22 以图 5.20 跟踪结果为例,直观解释了协同跟踪的实现过程。图 5.22(a)为目标在全景监控相机 Cam-1 参数$(p_1,t_1,z_1)=(-77.08,-9.33,11.80)$图像平面上的运动轨迹。图 5.22(b)为

利用性质 2 建立两相机坐标关联的实验结果,即依次将目标定位到 Cam-1 参数 (p_1', t_1', z_1') 像平面或其延伸平面上,以及 Cam-2 参数 (p_2', t_2', z_2') 像平面或其延伸平面上。实验中,$(p_1', t_1', z_1') = (-71.54, -14.25, 12.00)$,$(p_2', t_2', z_2') = (-73.67, -11.85, 12.00)$,$\boldsymbol{H}_{12}$ 为参考平面诱导的两相机参数为 (p_1', t_1', z_1') 和 (p_2', t_2', z_2') 时的单应性矩阵。最后,Cam-2 在每一时刻利用性质 1 计算自身参数 (p_2^n, t_2^n, z_2^n),从而使目标以高分辨率处于图像中心位置,如图 5.22(c) 所示。图 5.23 进一步给出了图 5.21 跟踪结果的实现过程。

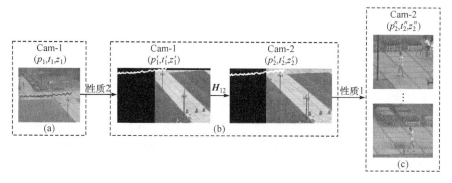

图 5.22　共面约束协同跟踪实现过程的直观解释(Cam-1 为全景监控相机)

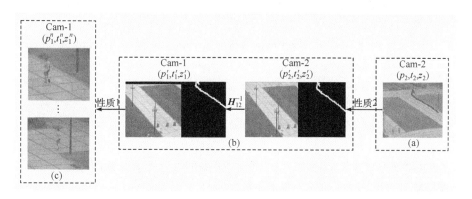

图 5.23　共面约束协同跟踪实现过程的直观解释(Cam-2 为全景监控相机)

5.5.4　两种协同跟踪算法的对比分析

针对双目主动相机视觉系统,本章提出两种协同跟踪算法框架,两种方法均可以实现两相机任意参数的协同跟踪。同时,两种方法均只通过简单的坐标变换实现对主动相机的控制,因此方法的实时性均可以得到很好的保证。然而,基于球面坐标的协同跟踪算法虽然不需要监控场景满足平面约束条件,但需要两相机基线长度远小于场景深度,因此一般适应于两相机距离较近或场景深度较大的监控场景。基于共面约束的协同跟踪方法假设运动物体约束在场景中的某一平面上,当场景无法满足该约束时(如坡面或阶梯),方法会带来较大误差或失效,但该方法可以应用于宽基线的摄像机布设情况下。因此,两种方法互为补充,在实际应用中可以根据场景条件(平面场景或非平面场景)和摄像机布设(宽基线或窄基线)选择具体方法。

参 考 文 献

[1] Javed O,Rasheed Z,Shafique K,et al. Tracking across multiple cameras with disjoint views [C]// International Conference on Computer Vision,2003:952-957.

[2] Gupta A,Mittal A,Davis L. COST:an approach for camera selection and multi-object inference ordering in dynamic scenes [C]// International Conference on Computer Vision, 2007:1-8.

[3] Hu W,Hu M,Zhou X,et al. Principal axis-based correspondence between multiple cameras for people tracking[J]. IEEE Transactions on Pattern Analysis and Machine Intelligence, 2006,28(4):663-671.

[4] Cui Z,Li A,Feng G,et al. Cooperative object tracking using dual pan-tilt-zoom cameras based on planar ground assumption[J]. IET Computer Vision,2015,9(1):149-161.

[5] 崔智高,李艾华,姜柯,等. 一种基于双目PTZ相机的主从跟踪方法[J]. 电子与信息学报, 2013,35(4):777-783.

[6] 崔智高,李艾华,苏延召,等. 大视场双目主动视觉传感器的协同跟踪方法[J]. 光电子·激光,2014,25(4):776-783.

[7] 崔智高,李艾华,姜柯. 双目协同动态背景运动分离方法[J]. 红外与激光工程,2013,42(1): 179-185.

[8] 崔智高,李艾华,姜柯,等. 双目协同多分辨率主动跟踪方法[J]. 红外与激光工程,2013,42 (12):3509-3516.

[9] Sinha S,Pollefeys M. Towards calibrating a pan-tilt-zoom cameras network[C]// European Conference on Computer Vision Workshop,2004:1-11.

[10] Sinha S,Pollefeys M. Pan-tilt-zoom camera calibration and high-resolution mosaic generation[J]. Computer Vision and Image Understanding,2006,103(3):170-183.

[11] Levenberg K. A method for the solution of certain nonlinear problems in least squares[J].

Quarterly of Applied Mathematics,1994,2(2):164-168.

[12] Nister D. An efficient solution to the five-point relative pose problem[J]. IEEE Transactions on Pattern Analysis and Machine Intelligence,2004,26(6):756-770.

[13] Fischler M,Bolles R. Random sample consensus:a paradigm for model fitting with applications to image analysis and automated cartography[J]. Communications of the ACM,1981, 24(6):381-395.

[14] 王文斌,刘桂华,刘先勇.本质矩阵五点算法伪解的两种剔除策略[J].光电工程,2010,37 (8):46-52.

[15] Comaniciu D,Ramesh V,Meer P. Kernal-based object tracking[J]. IEEE Transactions on Pattern Analysis and Machine Intelligence,2003,25(5):564-577.

[16] 白向峰,李艾华,李喜来,等. 窗宽自适应 Mean-Shift 跟踪算法[J].计算机应用,2011,31 (1):254-257.

[17] Zitova B,Flusser J. Image registration methods:a survey[J]. Image and Vision Computing, 2003,21(11):977-1000.

[18] Szeliski R. Image alignment and stitching:a tutorial[R]. Technical Report MSR-TR-2004-92,Microsoft Corp. ,2004.

[19] Shum H,Szeliski R. System and experiment paper:construction of panoramic image mosaics with global and local alignment[J]. International Journal of Computer Vision,2000,36(2): 101-130.

[20] Bergen J,Anandan P,Hanna K,et al. Hierarchical model-based motion estimation[C]// European Conference on Computer Vision,1992:237-252.

[21] Cucchiara R,Grana C,Piccardi M,et al. Detecting moving objects,ghosts,and shadows in video streams[J]. IEEE Transactions on Pattern Analysis and Machine Intelligence,2003, 25(10):1337-1342.

[22] Stein G,Romano R,Lee L. Monitoring activities from multiple video streams:establishing a common coordinate frame[J]. IEEE Transactions on Pattern Analysis and Machine Intelligence,2000,22(8):758-767.

[23] 王云丽,张鑫,高超,等.航拍视频拼图中基于特征匹配的全局运动估计方法[J].航空学报,2008,29(5):1218-1225.

第 6 章　基于特征库构造和分层匹配的主动相机参数自修正算法

6.1　引　　言

在主动相机目标跟踪过程中,由于相机机械运动的固有特性,当驱动相机运动到某一参数时,主动相机到达的实际位置和理想位置之间一般存在一定的误差。特别是,在主动相机长时间连续的转动和变焦操作后,误差积累往往会导致较大的图像差异[1-3]。

姜柯等[4]利用静止相机辅助解决主动相机参数误差的动态修正,该方法首先通过直方图均衡化、兴趣区域选择等操作,从两相机同步帧图像中提取可靠的匹配特征点,然后结合对极几何约束,建立包含主动相机旋转角度和焦距的目标函数,最后利用 LM 算法[5]进行优化求解。该方法假设两相机之间的相对位置已知,并且足够精确,而在实际操作中,两相机相对位置的估计误差往往大于主动相机的参数误差。Schoepflin 等[6]通过多个已知宽度的平行线段计算场景中的消失点,并利用消失点估计准确的主动相机参数,该方法需要从捕获图像中提取高精度的平行线段,只适应于特殊的应用场景。Wu 等[7]通过构建特征点集合辅助修正主动相机连续工作带来的累积误差,该方法假设特征点来源图像的相机参数是准确的,该假设会导致参数修正过程中的误差累积。此外,当主动相机具有较大 zoom 变化范围时,主动相机的当前图像和特征点集合可能没有匹配特征点,进而导致误差修正算法的失效。

本章围绕主动相机参数自修正这个核心任务进行研究。首先,介绍主动相机参数的常见误差及这些误差产生的原因。然后,提出一种基于特征库构造和分层匹配的主动相机参数自修正算法[8],详细描述方法的总体框架和具体实现。最后,给出参数自修正算法的实验结果。

6.2　主动相机参数的误差

根据具体应用,文献[7]、[9]对主动相机参数的误差均进行了一定的阐述,如相机重启误差、捕获图像和参数的延时误差、随机误差、机械误差、累积误差等。由于主动相机的类型不同,这些误差可能略有差异。针对 SONY EVI D70P,本节将对常见的机械误差和累积误差进行分析,并设计相应的实验。

6.2.1　机械误差

主动相机的机械误差一般由步进电机的运动间隙造成,主动相机的制造工艺越好,其机械误差越小,相应的价格也相对昂贵。通常情况下,主动相机的参数 pan、tilt 和 zoom 分别由不同的步进电机控制,因此其对应的机械误差也不尽相同:参数 zoom 的机械误差较小,一般小于0.001,即若理想的参数 zoom 为 10 时,实际的参数 zoom 处于 9.999~10.001;参数 pan 和 tilt 的机械误差一般与相机的旋转角度成单调关系。以参数 pan 为例,初始位置的参数 pan 和目的位置的参数 pan 差异越大,对应的参数 pan 机械误差也就越大;反之,两个位置的参数 pan差异越小,相应的参数 pan 机械误差也越小。

图 6.1 给出了一组示例。图 6.1(a)和图 6.1(b)的左边两幅图像均为主动相机在参数(137.35,−23.58,18.00)时的捕获图像,右边两幅图像为主动相机从不同的初始位置运动到上述目的位置的捕获图像。在图 6.1(a)右图中,相机初始位置的参数 pan 和 tilt 与目的位置的参数pan 和 tilt 差异较小。在图 6.1(b)右图中,初始位置的参数 pan 和 tilt与目的位置的参数 pan 和 tilt 差异较大,可以看出,两幅图像较原图均有一定的差异,但图 6.1(b)两幅图像的差异更大。对上述两组图像,本章分别提取 SIFT[10] 特征点,并建立特征点之间的匹配对应,然后统计匹配特征点水平方向和垂直方向的平均绝对偏差,结果如表 6.1 所示。

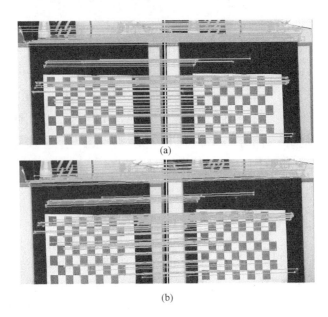

图 6.1　主动相机参数机械误差的一个示例

表 6.1　图 6.1 中匹配特征点的水平方向和垂直方向平均绝对偏差

图像对	匹配特征点数目	水平方向平均绝对偏差	垂直方向平均绝对偏差
图 6.1(a)	216	0.71	0.77
图 6.1(b)	293	11.06	12.46

　　上述例子直观解释了主动相机机械误差带来的影响,即相机参数 pan 和 tilt 的机械误差会导致图像像素水平方向和垂直方向的偏移,且参数 pan 和 tilt 的旋转角度越大,图像像素偏移也越大。另外,需要指出的是,当参数 zoom 较大时,对应的图像像素偏移相应的也越大,因此图 6.1(b) 近似为图像像素偏移最大的一种情况。然而,由于参数 zoom 越大时,主动相机的等效焦距也越大,因此若换算成参数 pan 和 tilt 的误差角度,不同的参数 zoom 对应的误差角度应该基本一致。

6.2.2　累积误差

　　受相机机械误差的影响,再加上相机控制方式、反馈时间等不确定因素,在相机长时间连续的参数变化后,当驱动主动相机运动到某一参数时,主动相机到达的实际位置和理想位置之间存在一定的角度误差,从而导致较大的图像差异,本章将其称为累积误差。

图 6.2 给出了一个实例说明。图 6.2(a) 为主动相机在参数 $(123.65, -19.35, 16.00)$ 时的初始捕获图像。图 6.2(b) 为主动相机经过参数连续变化后在同一参数时的捕获图像,为了模拟主动相机参数的频繁变化,本章为主动相机设置了多个预设参数,并使主动相机每隔一段时间实现预置参数之间的切换,在所有预设位置扫描完毕后,调整主动相机的参数 zoom,并继续控制主动相机在多个预设位置之间巡航扫描,最终通过 100 个小时的频繁操作,控制主动相机运动到参数 $(123.65, -19.35, 16.00)$ 下,得到如图 6.2(b) 所示的捕获图像。图 6.2(c) 进一步给出了两幅图像在一幅视场较大图像中的定位结果,其中浅色和深色矩形框区域分别对应图 6.2(a) 和图 6.2(b)。从上述结果可以看出,两幅图像具有较大的差异,因此有必要对参数进行修正。特别是,主动相机经历长时间的连续工作后,这种参数修正显得尤为重要。

(a) (b) (c)

图 6.2 主动相机参数累积误差的一个示例

6.3 参数自修正算法的总体框架

围绕主动相机参数自修正这个核心任务,本章提出一种基于特征库构造和分层匹配的主动相机参数自修正算法。需要指出的是,本章算法针对单目主动相机,并且假设已经获得主动相机的内部参数。

本章算法的提出基于以下两点考虑。

① 如果场景结构具有一定的稳定性,则场景中的所有空间点可以在摄像机坐标系下唯一确定,并且这些空间点在摄像机坐标系下具有确定的水平方向和垂直方向旋转角度,本章将其称为场景空间点在摄

像机坐标系下的姿态角。图 6.3 给出了场景空间点的姿态角在摄像机坐标系下的物理含义，其中 $\hat{X}$ 为场景中的某个空间点，其对应的姿态角为 (ϕ,θ)。可以看出，场景空间点的姿态角、相机的参数 pan 和 tilt 具有相似的物理含义，因此可以求取场景中所有空间点的真实姿态角，并构建特征库辅助解决主动相机参数的修正。

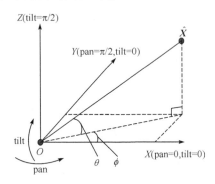

图 6.3　场景空间点姿态角的物理含义

② 在对当前图像的参数进行修正时，需要提取该幅图像中的特征点，并通过特征匹配获取对应空间点的真实姿态角。如前所述，SIFT、SURF[11]等局部不变特征虽具有良好的尺度不变性，但当图像之间尺度变化较大时，特征匹配数目较少。因此，如果当前图像的参数 zoom 较大，则该幅图像与特征库之间可能没有匹配特征点，进而导致参数修正方法失效。考虑到相邻尺度图像之间的特征匹配往往较为稳定，因此可以采用分层匹配的策略对参数 zoom 较大的图像进行处理。

本章方法的流程如图 6.4 所示，分为特征库构造和参数修正两部分。特征库构造阶段，首先均匀采集场景中的多幅图像，并进行特征提取和匹配。其次，根据匹配的特征点，利用文献[3]提出的算法对每幅图像的参数进行重估计。再次，将每幅图像的图像坐标变换到摄像机坐标系下，得到场景空间点的真实姿态角，并构建特征库。参数修正阶段，首先利用分层匹配的策略将当前图像与特征库进行特征匹配，并获得匹配特征点对应的真实姿态角。然后，利用相机参数和场景空间点姿态角之间的映射关系，对相机参数进行初始修正。最后，利用 LM 算法对相机参数进行优化求解。

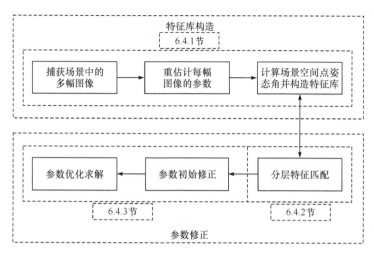

图 6.4　参数自修正算法流程图

6.4　参数自修正算法的具体实现

6.4.1　特征库构造

首先,在较小的参数 zoom 下捕获场景中的 n 幅图像,为了保证特征匹配的稳定性,保持所有图像的参数 zoom 一致,并使相邻两幅图像之间至少具有 $1/2$ 的重合区域。然后,对每幅图像提取 SIFT 特征点,并建立特征点之间的匹配对应。最后,将每幅图像表示为 $\{I_i, \boldsymbol{\varphi}_i, \boldsymbol{\varphi}_{i,0}\}$,$i=1,2,\cdots,n$,其中 I_i 表示第 i 幅图像,$\boldsymbol{\varphi}_i=[p_i,t_i,z_i]^{\mathrm{T}}$ 代表从主动相机获取的图像 I_i 的对应参数,$\boldsymbol{\varphi}_{i,0}=[p_{i,0},t_{i,0},z_{i,0}]^{\mathrm{T}}$ 表示图像 I_i 参数的真实值。为表述方便,本章分别将 $\boldsymbol{\varphi}_i$ 和 $\boldsymbol{\varphi}_{i,0}$ 称为图像 I_i 的观测参数和真实参数。

我们希望得到每幅图像对应的真实参数 $\boldsymbol{\varphi}_{i,0}$,从而可以计算场景空间点的真实姿态角。但在通常情况下,由于缺乏足够的可参考信息(如已知摄像机坐标的三维标定物),每幅图像对应参数的真实值 $\boldsymbol{\varphi}_{i,0}$ 是无法获知的。针对上述问题,文献[3]提出一种参数重估计算法,该方法将真实参数 $\boldsymbol{\varphi}_{i,0}$ 的估计转化为优化问题,并通过最小化某个目标函数,得到真实参数 $\boldsymbol{\varphi}_{i,0}$ 的一个近似解。本章利用上述方法获取真实参数 $\boldsymbol{\varphi}_{i,0}$ 的最优估计值。

　　设场景中的某点可被捕获图像中的 $m(m \leqslant n)$ 幅图像观察到,并令该点在图像 I_i, $i=1,2,\cdots,m$ 中的齐次坐标为 x_i,则 x_i 经过主动相机成像模型变换后,可得到观测参数 $\boldsymbol{\varphi}_i$ 确定的摄像机坐标 $\boldsymbol{X}_i$,以及真实参数 $\boldsymbol{\varphi}_{i,0}$ 确定的摄像机坐标 $\boldsymbol{X}_0$,如式(6.1)所示。需要指出的是,由于观测参数 $\boldsymbol{\varphi}_i$ 具有一定的误差,因此不同图像根据观测参数 $\boldsymbol{\varphi}_i$ 计算的摄像机坐标 $\boldsymbol{X}_i$ 互不相同,但理想情况下,它们应该具有相同的摄像机坐标 $\boldsymbol{X}_0$,参数重估计的目的就是使每幅图像的观测摄像机坐标 $\boldsymbol{X}_i$ 和真实摄像机坐标 $\boldsymbol{X}_0$ 尽可能保持一致。也就是说,同时使 m 幅图像的观测参数 $\boldsymbol{\varphi}_i$ 最优的逼近它们对应的真实参数 $\boldsymbol{\varphi}_{i,0}$,即

$$\begin{cases} \boldsymbol{X}_i = \lambda_i \boldsymbol{R}^{-1}(p_i, t_i) \boldsymbol{K}^{-1}(z_i) x_i = \lambda_i \boldsymbol{P}(\boldsymbol{\varphi}_i) x_i \\ \boldsymbol{X}_0 = \lambda'_i \boldsymbol{R}^{-1}(p_{i,0}, t_{i,0}) \boldsymbol{K}^{-1}(z_{i,0}) x_i = \boldsymbol{\lambda}'_i \boldsymbol{P}(\boldsymbol{\varphi}_{i,0}) x_i \end{cases} \tag{6.1}$$

将 $\boldsymbol{X}_i$ 在真实参数 $\boldsymbol{\varphi}_{i,0}$ 处一阶泰勒展开,可以得到下式,即

$$\boldsymbol{X}_i \approx \lambda_i \boldsymbol{P}(\boldsymbol{\varphi}_{i,0}) x_i + \left[\frac{\partial(\lambda_i \boldsymbol{P}(\boldsymbol{\varphi}_i) x_i)}{\partial \boldsymbol{\varphi}_i} \bigg|_{\boldsymbol{\varphi}_{i,t}} \right]^{\mathrm{T}} (\boldsymbol{\varphi}_{i,t} - \boldsymbol{\varphi}_{i,0}) \tag{6.2}$$

其中,$\boldsymbol{\varphi}_{i,t}$ 为第 t 次迭代得到的真实参数 $\boldsymbol{\varphi}_{i,0}$ 的估计值。

　　若近似认为 $\lambda_i \approx \lambda'_i$,并令

$$\boldsymbol{D}_{i,t} = \left[\frac{\partial(\lambda_i \boldsymbol{P}(\boldsymbol{\varphi}_i) x_i)}{\partial \boldsymbol{\varphi}_i} \bigg|_{\boldsymbol{\varphi}_{i,t}} \right]^{\mathrm{T}} \tag{6.3}$$

则式(6.2)可写为

$$\boldsymbol{X}_i \approx \boldsymbol{X}_0 + \boldsymbol{D}_{i,t}(\boldsymbol{\varphi}_{i,t} - \boldsymbol{\varphi}_{i,0}) \tag{6.4}$$

即

$$\boldsymbol{\varphi}_{i,t} - \boldsymbol{\varphi}_{i,0} \approx (\boldsymbol{D}_{i,t})^{-1}(\boldsymbol{X}_i - \boldsymbol{X}_0) \tag{6.5}$$

　　若假设每次迭代过程中,每幅图像真实参数 $\boldsymbol{\varphi}_{i,0}$ 的估计值 $\boldsymbol{\varphi}_{i,t}$ 和真实值 $\boldsymbol{\varphi}_{i,0}$ 的差异均满足零均值高斯独立同分布,则可构建如下目标函数,即

$$E = \sum_{i=1}^{m} \| \boldsymbol{\varphi}_{i,t} - \boldsymbol{\varphi}_{i,0} \|^2 \tag{6.6}$$

　　此时,将式(6.5)代入式(6.6),并设 $\boldsymbol{B}_{i,t} = ((\boldsymbol{D}_{i,t})^{-1})^{\mathrm{T}} (\boldsymbol{D}_{i,t})^{-1}$,则可得下式,即

$$E = \sum_{i=1}^{m} (\boldsymbol{X}_i - \boldsymbol{X}_0)^{\mathrm{T}} \boldsymbol{B}_{i,t} (\boldsymbol{X}_i - \boldsymbol{X}_0) \tag{6.7}$$

令

$$\frac{\partial E}{\partial \boldsymbol{X}_0} = -2 \sum_{i=1}^{m} \boldsymbol{B}_{i,t} (\boldsymbol{X}_i - \boldsymbol{X}_0) = 0 \tag{6.8}$$

则得到

$$\boldsymbol{X}_0 = \left(\sum_{i=1}^{m} \boldsymbol{B}_{i,t} \right)^{-1} \sum_{i=1}^{m} (\boldsymbol{B}_{i,t} \boldsymbol{X}_i) \tag{6.9}$$

基于上述目标函数,并结合相应的迭代方式,可以实现图像真实参数的最优逼近。在具体应用中可以采用如下步骤。

① 将捕获的 n 幅图像自适应分组,并在每组图像中分别进行参数重估计。

② 以其中一组图像为例,设该组图像包含 m 幅图像,共提取了 l 组匹配特征点。对于每组匹配特征点,首先以图像的观测参数 $\boldsymbol{\varphi}_i (i=1, 2,\cdots,m)$ 作为初值,并通过式(6.9)计算每组匹配特征点对应的 $\boldsymbol{X}_{0,j}$,其中 $j=1,2,\cdots,l$。然后,利用式(6.5)估计每幅图像参数增量的最小二乘解,即对于每幅图像,利用最小二乘方法估计参数增量,使其满足式(6.10)。最后,对每幅图像的参数进行更新后,继续利用式(6.9)计算 $\boldsymbol{X}_{0,j}$,如此迭代多次后,可以得到该组图像真实参数 $\boldsymbol{\varphi}_{i,0} (i=1,2,\cdots,m)$ 的最优估计值,即

$$\begin{cases} \boldsymbol{\varphi}_{i,t} - \boldsymbol{\varphi}_{i,0} = (\boldsymbol{D}_{i,t,1})^{-1} (\boldsymbol{X}_{i,1} - \boldsymbol{X}_{0,1}) \\ \boldsymbol{\varphi}_{i,t} - \boldsymbol{\varphi}_{i,0} = (\boldsymbol{D}_{i,t,2})^{-1} (\boldsymbol{X}_{i,2} - \boldsymbol{X}_{0,2}) \\ \qquad\qquad \vdots \\ \boldsymbol{\varphi}_{i,t} - \boldsymbol{\varphi}_{i,0} = (\boldsymbol{D}_{i,t,l})^{-1} (\boldsymbol{X}_{i,l} - \boldsymbol{X}_{0.l}) \end{cases} \tag{6.10}$$

③ 对每组图像分别进行步骤②所述的操作,可以得到所有 n 幅图像真实参数 $\boldsymbol{\varphi}_{i,0} (i=1,2,\cdots,n)$ 的最优估计值。

上述参数重估计过程结束后,将每幅图像的图像坐标变换到摄像机坐标系下,并计算场景空间点的姿态角,即

$$\begin{cases} \boldsymbol{X}_{i,k}=\lambda_{i,k}\boldsymbol{R}^{-1}(p_{i,0},t_{i,0})\boldsymbol{K}^{-1}(z_{i,0})\boldsymbol{x}_{i,k}=\lambda_{i,k}\boldsymbol{P}(\boldsymbol{\varphi}_{i,0})\boldsymbol{x}_{i,k} \\ \phi_{i,k}=\tan^{-1}(\boldsymbol{X}_{i,k}(2)/\boldsymbol{X}_{i,k}(1)) \\ \theta_{i,k}=\sin^{-1}(\boldsymbol{X}_{i,k}(3)) \end{cases} \quad (6.11)$$

其中,$\boldsymbol{x}_{i,k}$为图像 I_i 在第 k 个像素点的图像齐次坐标;$\boldsymbol{\varphi}_{i,0}$为图像 I_i 真实参数的最优估计值;$\lambda_{i,k}$为某个尺度因子,满足 $\|\boldsymbol{X}_{i,k}\|=1$;$\boldsymbol{X}_{i,k}(q)$表示向量 $\boldsymbol{X}_{i,k}$ 的第 q 个元素;$(\phi_{i,k},\theta_{i,k})$为 $\boldsymbol{x}_{i,k}$ 对应的场景空间点的姿态角。

需要指出的是,对于不同图像间重合区域的像素点,尽管我们已经得到图像真实参数的最优估计值,但该估计值只是真实参数的一个最优逼近解,因此这些像素点在不同图像计算的姿态角可能会有较小的差异,但此时的差异已经非常小,为了进一步提高准确性,可以取不同图像计算姿态角的平均值。

通过上述步骤,可构建特征库 Ω_0,即

$$\begin{cases} \Omega_0=\bigcup C_{0,i} \\ C_{0,i}=\{I_{0,i},\bigcup(\phi_{0,i,k},\theta_{0,i,k}),\bigcup\boldsymbol{x}_{0,i,l}\} \end{cases} \quad (6.12)$$

其中,$C_{0,i}$代表第 i 幅图像对应的特征库,由图像 $I_{0,i}$,图像 $I_{0,i}$中所有像素对应的场景空间点的姿态角集合$\bigcup(\phi_{0,i,k},\theta_{0,i,k})$,以及图像 $I_{0,i}$中提取的 SIFT 特征点集合$\bigcup\boldsymbol{x}_{0,i,l}$构成,下标 0 均代表尺度或下节所述的分层处理的层数,也就是说,此时构建的特征库处于最高层。

6.4.2　分层匹配

借助上面建立的特征库,可以通过特征匹配获取当前图像特征点对应的姿态角,进而实现参数修正。本章采用的主动相机(SONY EVI D70P)具有较大的 zoom 变化范围,而为了覆盖整个场景,特征库构建阶段捕获的多幅图像具有较小的参数 zoom,因此如果当前图像的 zoom 值较大,则该幅图像与特征库之间可能没有匹配特征点,进而导致参数修正算法的失效。图 6.5 给出了一组示例,其中图 6.5(a)为四幅具有不同参数 zoom 的图像与 zoom 等于 4 的图像之间的 SIFT 特征匹配结果,图 6.5(b)为特征匹配数目随参数 zoom 的变化曲线。可以看出,虽然 SIFT 特征具有良好的尺度不变性,但如果两幅图像之间的尺度接近,则利用同样的参数进行 SIFT 特征提取及匹配,其效果一般更加理

想,而随着图像间尺度差异的增大,图像之间的特征匹配数目逐渐减少,并且有可能出现没有匹配特征点的情况。

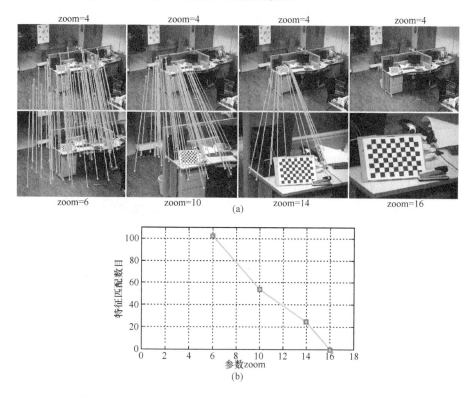

图 6.5　特征匹配数目随图像尺度差异增大而减少的一个示例

为了解决上述问题,一个直观的思路就是利用分层匹配的策略,即利用几组不同尺度的图像集合建立当前图像和特征库 Ω_0 之间的联系。为了产生这些图像集合,本章在 r 个参数 zoom 下捕获图像,这些参数应尽量均匀分布在主动相机参数 zoom 的取值区间上,每一个参数捕获的图像处于相同的层上,每一层对应一个图像尺度。对同一层上的图像提取 SIFT 特征点,并与上一层的图像建立匹配对应,若设 $I_{s,i}$ 为第 $s(s=1,2,\cdots,r)$ 层上的第 i 幅图像,$I_{s-1,j}$ 为 $I_{s,i}$ 在上一层中匹配特征点最多的图像,两幅图像 $I_{s,i}$ 和 $I_{s-1,j}$ 之间的匹配特征点集合设为 $\bigcup(x_{s,i,k}, x_{s-1,j,k})$,图像 $I_{s,i}$ 中提取的特征点集合设为 $\bigcup x_{s,i,l}$,则对于每一层,可构建相邻层之间的匹配对应 $\Phi_s(s=1,2,\cdots,r)$,即

$$
\begin{cases}
\varPhi_s = \bigcup B_{s,i} \\
B_{s,i} = \{I_{s,i}, I_{s-1,j}, \bigcup(\boldsymbol{x}_{s,i,k}, \boldsymbol{x}_{s-1,j,k}), \bigcup \boldsymbol{x}_{s,i,l}\}
\end{cases}
\tag{6.13}
$$

当特征库 $\varOmega_0$ 和相邻层之间的匹配对应 $\varPhi_s(s=1,2,\cdots,r)$ 建立完毕后,即可通过特征之间的传播获取当前图像特征点对应的姿态角。值得说明的是,上述步骤一般离线进行,因此不需要考虑实时性等因素。

将当前捕获图像表示为 I_c。首先,根据观测参数将其定位在 r 个图像集合层的某个位置(尽管本章的目的是对当前图像的参数进行修正,但根据其观测参数仍然可以将其大致定位在某个位置,比如根据当前图像的参数可判断该图像处于哪两个图像集合层之间)。然后,提取当前图像 I_c 中的 SIFT 特征点,并与上一层存储的特征点进行匹配。最后,查找上一层中与 I_c 匹配特征点最多的图像 $I_{s,i}$,并通过特征逐层之间的传播获取匹配特征点对应的姿态角。设 $\boldsymbol{x}_{c,k}$ 和 $\boldsymbol{x}_{s,i,k}$ 代表两幅图像 I_c 和 $I_{s,i}$ 的其中一组匹配特征点,则特征逐层传播的具体方法如下。

① 判断 s 是否为 0,若 $s=0$,直接根据特征库 $\varOmega_0$ 查询 $\boldsymbol{x}_{s,i,k}$ 对应的姿态角,即不需要特征传播过程;否则,转步骤②。

② 利用存储的相邻层之间的匹配对应,估计对应点集的薄板样条(thin plate spline,TPS)变换模型[12],并根据该模型计算 $\boldsymbol{x}_{s,i,k}$ 在上一层的对应点 $\boldsymbol{x}_{s-1,j,k}$。

③ 判断 $s-1$ 是否为 0,若 $s-1=0$,根据特征库 $\varOmega_0$ 查询 $\boldsymbol{x}_{s-1,j,k}$ 对应的姿态角,即特征传播过程结束;否则,令 $s=s-1$,并转步骤②。

经过上述步骤,可获得当前图像 I_c 中每个特征点对应的姿态角,这些姿态角将用于后续对 I_c 的参数修正。

6.4.3　参数修正

假设主动相机经过参数连续变化后运动到参数 (p',t',z') 下,并捕获到图像 I_c,而由于累积误差的影响,当前捕获图像的真实参数应为 (p,t,z)。本节的目标就是利用图像 I_c 中的特征点,以及特征点对应的姿态角,估计图像 I_c 的真实参数 (p,t,z)。

为表述方便,本章将上节获取的图像 I_c 中的特征点,以及特征点对

应的姿态角表示为 $\{(u_k,v_k),(\phi_k,\theta_k),k=1,2,\cdots,N\}$。设此时主动相机的主点坐标为 (u_0,v_0)，等效焦距为 f，则根据图 6.6 描述的几何关系，可得到如下等式，即

$$\begin{cases} \phi_k = p + \tan^{-1}\left[\dfrac{u_0-u_k}{f}\right] \\ \theta_k = t + \tan^{-1}\left[\dfrac{v_0-v_k}{f}\right] \end{cases} \tag{6.14}$$

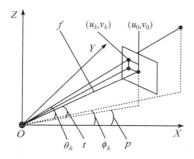

图 6.6　主动相机参数修正的几何关系

化简得

$$\frac{u_0-u_k}{\tan(\phi_k-p)} = \frac{v_0-v_k}{\tan(\theta_k-t)} \tag{6.15}$$

　　算法假设已获取主动相机的内部参数，故主点坐标 (u_0,v_0) 为已知量，因此只需要两组特征点及其对应的姿态角，即可估计参数 p 和 t。为提高估计精度，首先利用 RANSAC 算法[13]估计 p 和 t 的一个初始解，然后构建如下目标函数，即

$$E = \sum_{k=1}^{N}\left| \frac{u_0-u_k}{\tan(\phi_k-p)} - \frac{v_0-v_k}{\tan(\theta_k-t)} \right| \tag{6.16}$$

最小化上式，并利用 LM 优化算法进行求解，可获得真实参数 p 和 t 的最优估计值。由于参数 zoom 的误差很小，因此本章忽略其参数修正，即令 $z=z'$。

6.5　实验结果及其分析

6.5.1　算法的有效性验证

按照上节所述的参数自修正算法的具体步骤,以如图 6.2(b)所示的图像为例进行实验测试。

首先,验证特征库构造的有效性。在特征库构造阶段,在 zoom 为 4 的参数下捕获场景中的 8 幅图像,将 8 幅图像自适应分成 4 组,并对每一组进行参数重估计,从而获得每幅图像真实参数的最优估计值,估计的真实参数用来计算场景空间点的姿态角,从而构造特征库辅助后续的参数修正。本章由于引入参数重估计策略,因此可以保证计算的场景空间点姿态角具有较高的精度。

为了衡量参数重估计策略对场景空间点姿态角计算的影响,可以设计如下实验。以其中一组图像(两幅图像)为例,对该组图像的每对匹配特征点,利用每幅图像参数重估计前的观测参数和参数重估计后的真实参数,计算匹配特征点对应的场景空间点的姿态角,由于不同图像间的匹配特征点对应同一个场景空间点,因此在理想情况下,不同图像估计的姿态角应该相同,即标准差应该为 0,也就是说,可以用不同图像估计姿态角的标准差作为评价指标。基于此,本章对每组图像的每对匹配特征点,分别统计参数重估计前和参数重估计后不同图像计算的姿态角的标准差,并取所有匹配特征点的平均值,统计结果如表 6.2 所示。可以看出,参数重估计后的平均标准差明显较小,因此有必要引入参数重估计策略,从而可以保证场景空间点姿态角估计的准确性,并避免后续参数修正过程中的误差累积。

表 6.2　参数重估计前后姿态角平均标准差的比对

图像对	匹配特征点数目	参数重估计前		参数重估计后	
		ϕ 平均标准差	θ 平均标准差	ϕ 平均标准差	θ 平均标准差
图 1-2	211	0.0736	0.0244	0.0159	0.0078
图 3-4	209	0.0640	0.0242	0.0170	0.0098
图 5-6	144	0.0687	0.0261	0.0238	0.0121
图 7-8	162	0.0861	0.0238	0.0247	0.0108

　　然后,直观解释分层匹配和特征传播的具体过程。为了建立当前图像(图 6.2(b))和特征库之间的联系,本章在 6、10 和 14 三个 zoom 参数下捕获图像,分别对应 1、2 和 3 三个图像集合层,对每个图像集合层,利用 SIFT 特征建立与上一层的匹配对应。图 6.7 右侧给出了相邻层三组图像的匹配结果,其中匹配的特征点及其连线用深色显示。

　　对于当前图像(图 6.2(b)),首先根据其观测参数将其定位在三个图像层的某个位置,然后找到在上一层中匹配特征点最多的图像,最后利用各层建立的匹配对应,依次将匹配的特征点传播到上一层,从而获得匹配特征点对应的场景空间点姿态角。图 6.7 给出了特征传播过程的直观解释,浅色表示的实心点代表当前图像特征点在各层之间传播后的定位结果,白色表示的实心点和箭头解释了特征传播的过程。

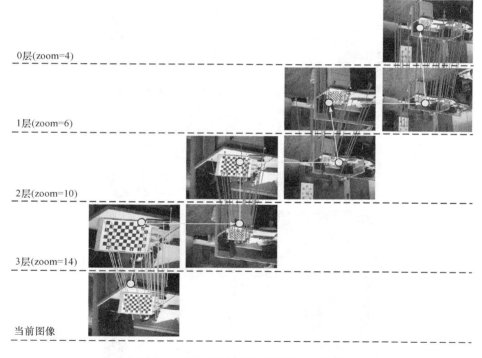

图 6.7　分层匹配和特征传播的直观解释

　　最后,给出参数修正的实验结果。以如图 6.2 所示图像为例,我们希望主动相机运动到参数(123.65,−19.35,16.00)下,而由于相机长时间连续工作导致的累积误差的影响,相机到达的实际位置(图 6.2

(b))和理想位置(图 6.2(a))存在一定的角度误差,本章的目标就是对图 6.2(b)对应的参数进行修正,即估计该幅图像对应的真实参数。

根据当前图像特征点及其对应的姿态角,利用 6.4.3 节所述步骤进行参数修正,最终估计的图 6.2(b)所示图像的参数为(125.17,−20.31,16.00)。为表述方便,分别将参数(123.65,−19.35,16.00)和(125.17,−20.31,16.00)表示为修正前参数和修正后参数。

为了直观比较参数修正前和修正后的效果,本章进行如下实验。首先,在 zoom 等于 14 的参数下捕获标定板附近的 4 幅图像,分别提取 4 幅图像的 SIFT 特征点,并进行特征匹配,图 6.8(a)给出了 4 幅图像的特征匹配结果。然后,利用 4 幅图像的匹配特征点,通过 6.4.1 节所述步骤进行参数重估计,并利用重估计后的参数和相机成像模型,将 4

图 6.8　4 幅图像的特征匹配和拼接融合结果

幅图像拼接融合到一幅图像中,结果如图 6.8(b)所示,本章将其称为基准图。最后,分别利用修正前参数和修正后参数确定的图 6.2(b)和基准图之间的映射关系,将图 6.2(b)映射到基准图中。如果图 6.2(b)所示图像的参数更加接近真实值,则该图像与基准图之间的映射关系会更加准确,对应的映射效果也会更加理想,因此映射效果的好坏可以反映参数是否接近真实值。最终的映射结果如图 6.9 所示,其中图 6.9(a)为利用修正前参数的映射结果,图 6.9(b)为利用修正后参数的映射结果。为了直观显示对比效果,本章对基准图做图像暗化处理。从实验结果可以看出,修正后参数的映射效果明显好于修正前参数,从而验证了本章参数自修正算法的有效性。

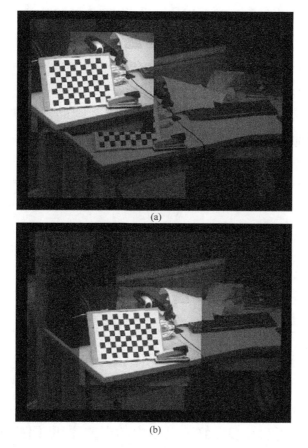

图 6.9 分别利用修正前参数和修正后参数将图 6.2(b)映射到基准图的实验结果

6.5.2　算法的定量比较

本节利用多组图像对 Wu 等[7] 所提算法和本章算法进行定量比较。为了对比的公平性,两种方法的共性部分均采用相同的参数设置,同时令参数重估计算法中的迭代次数 rp＝2,分层匹配和特征传播算法中的图像层数 r＝3。

实验选取 5 个参数 zoom,并在每个参数 zoom 中,选择空间均匀分布的 4 个不同视角的图像进行实验测试。对每个视角的当前图像,我们利用 6.2.2 节所述过程模拟参数的累积误差,并分别通过 Wu 算法和本章算法获得参数的修正结果。由于每个视角图像的真实参数无法获知,为此我们在每个参数下利用 6.5.1 节所述步骤生成基准图,并利用两种算法的修正结果建立当前图像和基准图之间的映射关系。为了定量衡量该映射关系,利用 IDM(intensity difference mean)作为评价指标。IDM 用于衡量两幅图像映射重合区域对应像素灰度的平均绝对差异[14]。IDM 越小,表明当前图像和基准图之间的映射关系更加准确,也就是说,当前图像的参数更加接近真实值。

表 6.3　两种算法的定量比较

参数 zoom	IDM 值	
	Wu[7]算法	本章算法
zoom＝8	8.95	**5.47**
zoom＝11	10.35	**6.15**
zoom＝14	14.83	**8.07**
zoom＝16	N. A.	**8.39**
zoom＝17	N. A.	**9.98**

取相同参数 zoom 在不同视角图像的 IDM 平均值,可以得到如表 6.3 所示的实验结果。从实验结果可以看出,当 zoom 较小时(8、11、14),本章方法由于引入参数重估计策略,提高了场景空间点姿态角的估计精度,避免了后续参数修正过程中的误差累积,因此获得了更小的 IDM 平均值;当 zoom 较大时(16、17),当前图像和场景空间点姿态角集合中没有匹配特征点,进而导致 Wu 算法的失效,而本章方法由于引入

了分层匹配和特征传播策略,增强了算法对不同尺度图像的适应能力,因此仍获得了较为准确的实验结果。

参 考 文 献

[1] Wan D,Zhou J. A spherical rectification for dual-ptz camera system[C]// IEEE International Conference on Acoustics,Speech and Signal Processing,2007:777-780.

[2] Kumar S,Micheloni C,Piciarelli C,et al. Stereo rectification of uncalibrated and heterogeneous images[J]. Pattern Recognition Letters,2010,31:1445-1452.

[3] Wan D,Zhou J. Multi-resolution and wide-scope depth estimation using a dual-ptz-camera system[J]. IEEE Transactions on Image Processing,2009,18(3):677-682.

[4] 姜柯,李艾华. 基于三目视觉系统的运动目标实时跟踪及尺寸估计研究[D]. 西安:第二炮兵工程大学博士学位论文,2013.

[5] Levenberg K. A method for the solution of certain nonlinear problems in least squares[J]. Quarterly of Applied Mathematics,1994,2(2):164-168.

[6] Schoepflin T,Dailey D. Dynamic camera calibration of road-side traffic management cameras for vehicle speed estimation[J]. IEEE Transactions on Intelligent Transportation Systems,2003,4(2):90-98.

[7] Wu Z,Radke R. Keeping a pan-tilt-zoom camera calibrated[J]. IEEE Transactions on Pattern Analysis and Machine Intelligence,2013,35(8):1994-2007.

[8] 崔智高,李艾华,王涛,等. 一种基于参数重估计和分层匹配的 PTZ 相机参数修正算法[J]. 光电子•激光,2015,26(10):1997-2007.

[9] 万定锐,周杰. 双目 PTZ 视觉系统的研究[D]. 北京:清华大学博士学位论文,2009.

[10] Lowe D. Distinctive image features from scale-invariant keypoints[J]. International Journal of Computer Vision,2004,60(2):91-101.

[11] Bay H,Ess A,Tuytelaars T,et al. Speeded-up robust features[J]. Computer Vision and Image Understanding,2008,110(3):346-359.

[12] Chui H,Rangarajan A. A new algorithm for non-rigid point matching[C]// IEEE Computer Society Conference on Computer Vision and Pattern Recognition,2000:44-51.

[13] Fischler M,Bolles R. Random sample consensus:a paradigm for model fitting with applications to image analysis and automated cartography[J]. Communications of the ACM,1981,24(6):381-395.

[14] Suhr J,Jung H,Li G. Background compensation for pan-tilt-zoom cameras using 1-D feature matching and outlier rejection[J]. IEEE Transactions on Circuits and Systems for Video Technology,2011,21(3):371-377.

第7章 基于主动相机的智能监控系统设计及应用

7.1 引 言

随着相机制造工艺的完善、机械控制精度的提高,以及生产成本的降低,越来越多的静止相机逐渐被主动相机所取代,并且多个相机的协同监控也逐渐成为主要的发展趋势。目前,一些监控系统已经开始使用主动相机,例如杭州市监控系统中大部分相机均是主动相机。然而,目前这些系统大多依赖于人工操作,只有图像压缩、存储等功能可以自动完成,自动化与智能化水平较低,严重缺乏智能监控技术的支持。

为此,本章设计了一套基于主动相机的智能视频监控系统。系统由两个主动相机构成,可以实现单目主动相机、静止相机加主动相机、双目主动相机三种系统配置,基本涵盖主动相机所能实现的所有功能,可以为今后的工程应用提供有价值的参考。

7.2 系统结构设计

基于主动相机的智能视频监控系统由前端图像采集、智能视频分析、主动相机交互,以及监控终端决策四部分组成。系统的硬件结构如图 7.1 所示。

1. 前端图像采集

前端图像采集的目的是获取监控场景中的实时图像,并将其传送给智能视频分析模块。本章选取两个 SONY EVI D70P 摄像机作为前端图像采集设备,该主动相机具有水平(pan 参数)$-170°\sim170°$,垂直(参数 tilt)$-30°\sim90°$的旋转功能,并可以提供多个级别的速度控制特性,同时相机具有 18 倍光学变焦,可以提供较好的图像质量。在本章

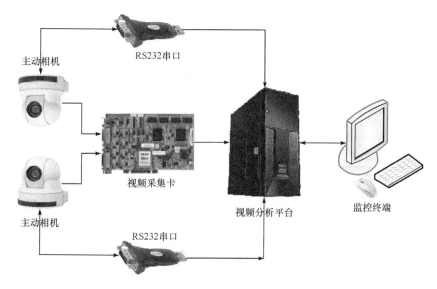

图 7.1　主动相机智能监控系统的结构示意图

系统中,为了模拟各种监控场景,我们将两个相机安装在窗户上边框的天花板上,从而使两个相机均可以通过调整自身参数实现室内场景和室外场景的切换。

通常情况下,主动相机的输出为模拟信号,需要将输出的模拟信号转化为数字信号,本章选择 DS-4000HC 海康威视 8 路视频采集卡,并将前两路与双目主动相机连接。

2. 智能视频分析

智能视频分析是系统的核心部分,是连接前端图像采集、主动相机交互和监控终端决策三部分的纽带。首先,智能视频分析接收前端图像采集模块传送的视频信号,并根据具体应用对视频序列进行智能分析,如监控图像的存储、运动目标的分割、重点目标的协同跟踪等。其次,智能视频分析模块将实时图像和分析结果输出到监控终端,以方便用户做出决策,同时用户还可利用鼠标、键盘等设备发送对智能视频分析模块的操作指令(如在系统界面上选择感兴趣目标),以及对主动相机的控制命令(如控制主动相机切换监控场景)。最后,根据用户发出的操作信号和控制信号,智能视频分析模块将其反馈到主动相机,从而实现与主动相机之间的交互。

智能视频分析模块运行在一台 PC 主机上,运行环境为 3.0GHz CPU,1GB 内存,128MB 显存。

3. 主动相机交互

使用的 SONY EVI D70P 摄像机提供 RS-232 总线用于传输 VISCA(video system control architecture)控制信号[1]。VISCA 是一种用于计算机和主动相机交互的商业协议,其内部封装的多个函数可以方便实现对摄像机底层硬件的访问,从而驱动步进电机使摄像机运动到指定位置,并可实时查询当前摄像机参数。

4. 监控终端决策

监控终端决策的作用是接收实时的监控图像信息,以及智能分析模块提供的分析结果,并作出相应的决策,包括对系统界面进行相应操作,如选择感兴趣目标以实现两相机的协同跟踪,发出相应的控制指令以实现对主动相机的控制等。

7.3　系统软件界面

智能视频分析模块是主动相机智能监控系统的核心部分,一般以软件的形式呈现。为此,本章编制了监控系统的软件界面和视频分析的相关核心算法。一方面,系统软件为本书前面章节的算法提供验证的平台;另一方面,由于两相机均可实现室内场景和室外场景的监控,因此也可以通过对真实场景的模拟为今后的工程应用提供参考。主动相机智能监控系统的软件主界面如图 7.2 所示,程序实现基于 Windows XP 操作系统,采用 Visual Studio 2008 和 Open CV 2.1[2]作为开发平台。

软件界面主要由监控图像显示区、主动相机控制区、预警信息输出区,以及智能监控应用区四部分组成。监控图像显示区一方面将摄像机捕获的监控场景的实时图像显示在主界面上,另一方面用于输出监

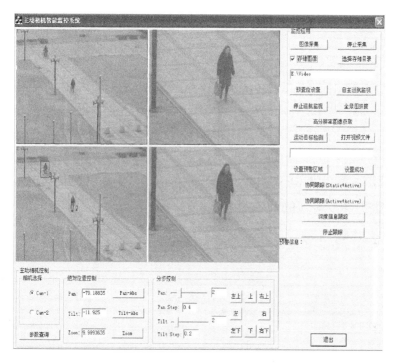

图 7.2　主动相机智能监控系统的软件界面

控应用模块的相关结果。如图 7.2 所示,图像显示区域的第一行为场
景的实时监控图像,第二行为利用第 4 章算法实现两相机协同跟踪的
输出结果。主动相机控制区的作用是实现与两个主动相机的信息交
互,包括参数查询和动作控制。对于动作控制部分,软件提供了绝对位
置控制和分步控制两种方式。前者的作用是根据用户输入的参数,控
制主动相机运动到指定位置,而后者的目的是使相机逐步运动到某一
监控场景。预警信息输出区主要显示可疑目标(如进入预警区域的目
标)的位置、大小等相关信息,并以日志的形式存储,从而方便回溯、取
证等应用。智能监控应用区包括了多个应用模块,如监控图像的压缩
和存储、多视角的自主巡航监视、视频序列的运动目标分割、利用深度
信息的目标跟踪,以及双目相机的协同跟踪等。本章将在第 7.4 节给
出这些应用模块的实现过程和实验结果。

7.4　系统应用模块

　　由于主动相机的参数可变性和可控性，以及双目主动相机在监控视场和目标分辨率之间的互补性，相比与传统的单目静止相机视觉系统，主动相机视觉系统可以实现很多复杂且实用的监控功能。如图7.3所示，按照单目主动相机、静止相机加主动相机、双目主动相机三种系统配置，本章提出主动相机监控系统的6种应用。这些应用基本涵盖了主动相机能够实现的所有功能。

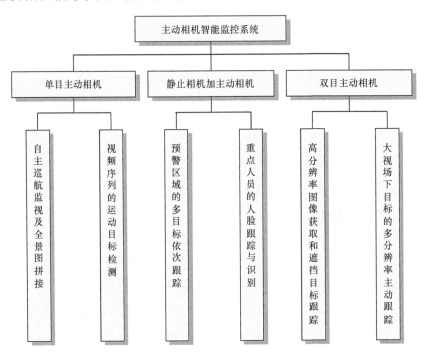

图 7.3　主动相机智能监控系统的应用模块

7.4.1　预设位置的自主巡航监视及全景图拼接

　　对于广场、停车场、作战阵地等视场比较大的监控场景，单目静止相机一般无法全部覆盖整个区域的视场范围。在实际应用中，一种可行的方法是利用多个静止相机监视场景的不同方位，从而构成多摄像机视觉系统[3-6]。然而,上述方法存在如下两点局限性。

① 多个摄像机的引入使得系统物理结构变得复杂,并且增大了系统的硬件开销。

② 多摄像机监控系统一般需要对每个相机捕获的图像进行融合处理,而当采用的相机类型不同时,将会导致图像分辨率、编码方式等方面的差异,因此选择合适的图像融合策略也是多摄像机监控系统的难点问题。

如前所述,主动相机的优势之一在于相机的视角可以改变,并且其参数具有可控性,因此利用单目主动相机可以较容易地实现上述功能。如图 7.4(a)所示,本章通过系统软件界面为主动相机设置了 6 个参数,分别对应监控场景中的 6 个不同方位,同时保证相邻两个预设位置之间至少覆盖 1/2 的重叠视场。此时,主动相机可以在这 6 个预设位置之间实现自主巡航监视的功能,即每隔一段时间(设置为 2 秒)自动切换监控视场。该过程可类比于动物在某个区域内搜寻食物的过程。

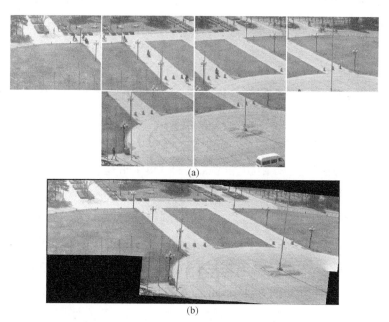

图 7.4 自主巡航监视及全景图拼接的实验结果

巡航监视结束后,利用高斯混合模型算法[7]估计每个预设位置的背景图像,并利用拼接算法生成监控场景的全景图,如图 7.4(b)所示。需要指出的是,尽管利用第 5 章所述步骤,本章已经获得主动相机的内部参数,并且可利用主动相机的成像模型和每个预设位置的参数进行全景拼接,然而如第 6 章所述,主动相机的参数往往存在一定的误差,因此利用预置位参数和成像模型的方法往往会影响拼接效果。为此,本章仍采用经典的基于特征的拼接方法。

实验选用文献[8]提出的基于 SIFT 特征的自动拼接算法。该方法可以实现多个无序图像的自动拼接,并通过多个频段的渲染融合获得理想的可视效果。由于已经知道多个预设位置的参数,因此可以将第一个预设位置设为参考图像坐标系,并依次将其他位置的图像映射到该坐标系下进行图像融合,从而获得最终的全景拼接结果。

7.4.2 视频序列的运动目标分割

在系统应用过程中,主动相机捕获的视频序列往往伴随着复杂的背景运动。另外,主动相机在参数固定时等价为静止相机,因此其捕获的视频序列中也存在静态背景的情况,如何从上述不同背景类型的视频序列中分割出运动物体是系统应用的关键。针对该问题,第 2、3 章提出两种运动目标分割算法。为了测试算法在主动相机监控系统中的实际应用性能,以第 2 章所述算法为例对多组视频序列进行测试,表 7.1 列出了测试所用视频序列的相关信息。如表 7.1 所示的 4 组视频均通过系统所用的主动相机捕获,包括室内和室外两种不同的监控场景,每种场景包含静态背景和动态背景各一组视频。图 7.5 给出了这 4 组视频序列各一帧图像的运动目标分割结果,图中第 1 列为运动轨迹分离的实验结果,其中背景轨迹点和前景轨迹点分别用浅色和深色表示;第 2 列为最终像素一级的运动目标分割结果,其中背景区域用深色显示,前景区域保持原有颜色;第 3 列为理想分割结果。从实验结果可以看出,无论场景中是单目标还是多目标,以及无论场景中是刚体运动还是非刚体运动,算法均可以准确地分割出运动物体,并且较好地保持运动目标的掩膜完整性。

表 7.1　系统捕获的 4 组视频序列的相关信息

视频序列	视频描述	图像大小×帧数目	人工标注数目
people_static	室内场景,运动行人,静态背景	$[320,240] \times 64$	13 帧
people_active	室内场景,运动行人,动态背景	$[320,240] \times 120$	25 帧
car_static	室外场景,运动车辆,静态背景	$[320,240] \times 44$	9 帧
car_active	室外场景,运动车辆,动态背景	$[320,240] \times 30$	7 帧

图 7.5　4 组视频序列运动目标分割的实验结果

　　由于运动目标分割的重要性,系统对目标分割的准确性和稳定性都有着很高的要求,因此有必要对分割性能做一个全面的评价。为此,本章以 5 帧为间隔对 4 组视频序列进行了人工标注,并利用第 2 章所述的评价指标,对最终像素一级的运动目标分割进行评估,结果如表 7.2

所示。从评估结果可以看出,无论是静态背景视频,还是动态背景视频,算法均获得了较高的分割准确率,并且算法性能稳定,有利于系统的进一步应用。

表7.2　4组视频序列运动目标分割的性能评价

视频序列	Precision	Recall	F-measure
people_static	0.8891	0.8928	0.8910
people_active	0.9399	0.8953	0.9171
car_static	0.9512	0.8275	0.8851
car_active	0.9736	0.9245	0.9484
平均	0.9385	0.8850	0.9110

7.4.3　预警区域的多目标依次跟踪

在一些监控场景的重点要害部位,如导弹阵地、发射场坪、油库、化工厂等,用户往往将其中的某个区域设置为预警区域。此时,监控系统不仅需要完成普通的运动分割和跟踪任务,还需要对进入预警区域的目标依次进行精确的高分辨率跟踪,并实时存储预警区域内目标的高分辨图像,以方便后续的查询取证或与行为分析相关的应用,如果有需要,还可以在软件界面上显示目标信息和发出预警信号。

上述监控功能可通过第4章提出的基于地平面约束的静止相机与主动相机目标跟踪算法实现。为表述方便,将静止相机和主动相机分别表示为 Cam-S 和 Cam-A,并以第4章实验部分的室外场景作为应用场景。如图 7.6 所示,本章将应用场景(对应于静止相机 Cam-S 视场)内的暗色区域设置为预警区域,如果有运动目标进入预警区域,则系统利用第4章所述算法估计主动相机 Cam-A 参数,并控制主动相机 Cam-A 在高分辨率下跟踪目标。值得说明的是,预警区域的选择一般需要根据具体应用设置,本章只是给出了一个应用实例,因此通过一个简单的预警区域进行说明。

图 7.6　预警区域示例

图 7.7 给出了预警区域多目标依次跟踪的一组实验结果。首先，静止相机 Cam-S 利用第 4 章中的算法对监控场景中的多个目标进行跟踪，每帧跟踪结束后，判断是否有目标的质心坐标处于预警区域内，即判断是否有目标进入预警区域，如果没有，继续下一帧图像的跟踪；否则，控制主动相机 Cam-A 在高分辨率下（实验中设置 zoom 值为 18）主动跟踪预警区域内的目标。图 7.7(a) 给出了一个示例，其中第 1 列为标号为 5 的目标进入预警区域，主动相机 Cam-A 开始从初始参数运动到目标位置，该参数调整过程大概需要 1 秒的时间，主要花费在参数 zoom 的调整上；第 2 列显示目标被成功跟踪的实验结果。其次，在对预警区域内目标进行跟踪的过程中，可能还会有新的目标进入预警区域。此时，应尽量使所有进入预警区域的目标均获取一定数目的高分辨率图像，为此本章采用不可中断模式，即检查当前跟踪目标是否已经保存了足够数目（实验中设置为 50 帧）的高分辨率图像，如果没有，继续跟踪该目标；否则，控制主动相机 Cam-A 跟踪进入预警区域的新目标，如图 7.7(b) 所示，其中第 1 列为标号为 7 的目标进入预警区域。此时，标号为 5 的目标尚处于预警区域内，但其保存图像的数目已超过 50 帧，因此系统选定标号为 7 的目标开始跟踪。最后，标号为 8 的目标进入预警区域，此时标号为 7 的目标已经离开预警区域，故系统将自动跟踪标号为 8 的目标，如图 7.7(c) 所示。

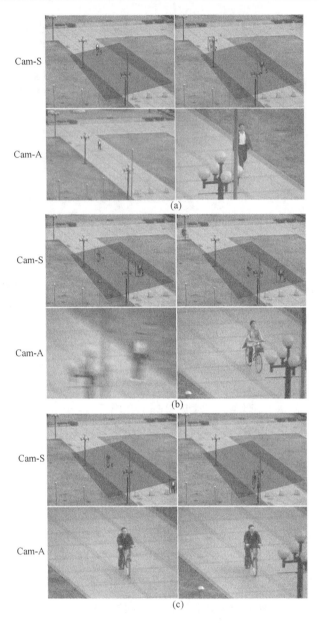

图 7.7　预警区域多目标依次跟踪的实验结果

　　本节给出了第 4 章算法在室外场景的一个简单应用,即通过设置预警区域,以实现对区域内目标的依次跟踪,并可以存储相应的高分辨率图像,这些图像可用于事后的回溯、查询和取证等应用。同时,根据具体需要,还可以在软件界面上显示报警信息,以通知监控终端实时做出相应的决策。需要补充说明的是,本系统获取的多帧高分辨率图像如果能够和行为分析技术相结合,则可以实现一些自动的行为识别和异常检测功能,因此从这个意义上来说,本节所提出的监控应用具有很强的实用价值。

7.4.4　重点人员的人脸跟踪与识别

在过去的几十年中,作为生物特征识别的主要方法之一,人脸识别技术[9]取得了长足的进步,并且出现一些自动的人脸识别系统,如人脸识别考勤系统、人脸识别售票系统等。然而,上述系统一般在理想的环境下运行,如用户会主动配合摄像机图像的采集,并且采集设备与用户之间的距离往往较小,从而保证了采集图像的分辨率和质量。然而,由于实际监控场景的复杂性和多样性,人脸识别技术应用到监控系统中往往会带来更多的挑战:一方面,人脸的内在变化如表情、年龄,以及外在变化,如光照、姿态一直是人脸识别研究中的瓶颈问题;另一方面,现有的人脸识别方法一般需要两眼之间(称为瞳孔距离)至少包含 60 个像素[10],因此在远距离(5 米以上)监控中,如何保持应有的图像分辨率是人脸识别应用面临的另一个挑战。

由于静止相机的分辨率固定,因此在监控距离较远时,即使静止相机可以准确跟踪目标并分割到人脸。由于分辨率的限制,可能仍然无法进行人脸识别,为此现有系统一般采用主动相机获取高分辨率的人脸图像。Everts 等[11] 和 Liao 等[12] 均利用主动相机在分辨率较低(zoom 较小)时定位感兴趣目标的人脸图像,然后控制主动相机获取高分辨率(zoom 较大)的人脸图像,该方法需要主动相机不断地缩小和放大参数 zoom,因此很容易造成跟踪目标的丢失。文献[13]~[16]均使用静止相机加主动相机的系统配置,即利用静止相机跟踪目标和定位人脸,并控制主动相机捕获人脸的高分辨率图像。然而,如第 4 章所述,由于深度信息的缺失,静止相机图像坐标和主动相机参数之间不满足一一对应关系,因此当两相机基线长度较大时,估计的主动相机参数往往具有较大误差,从而导致人脸偏离图像中心或丢失。文献[17]利用静止相机和主动相机的系统配置实现了一套同心同轴系统,该系统虽然可以准确地实现静止相机图像坐标和主动相机参数之间的一一对应关系,但需要特殊的硬件配置(六面体箱子和分光镜),因此限制了系统在实际中的应用。

针对上述问题,本节利用第 4 章所述算法设计了另外一个监控应用,与上节的应用不同之处在于,本应用将实现重点人员的人脸跟踪和识别。重点人员可以理解为某个监控场景的相关工作人员(如保密室、枪械间的管理人员等),该监控应用可以用于室内监控场景的身份验证。

本节将静止相机和主动相机同样表示为 Cam-S 和 Cam-A,并以第 4 章实验部分的室内场景作为应用场景。同时,本章定义了一个简单的监控任务,即对进入室内场景入口的目标,实时控制主动相机 Cam-A 进行高分辨率的人脸跟踪,并逐帧进行人脸图像的检测和筛选,筛选保留的高分辨率人脸图像可以用来与数据库中的标准图像进行匹配,从而实现身份验证的功能。对于未匹配的人脸图像,还可以利用软件界面发出预警信号,并保存相应的高分辨率人脸图像。该监控应用的实现流程如图 7.8 所示。

首先,静止相机 Cam-S 在每一帧图像中检测是否有目标进入场景的入口处,如果有目标被检测到,则静止相机 Cam-S 逐帧跟踪目标,同时主动相机 Cam-A 利用第 4 章算法估计自身参数,从而获取目标的高分辨率人脸图像。然后,系统对主动相机 Cam-A 捕获的人脸图像进行筛选,即利用 Open CV 的相关函数对图像依次进行人脸检测和人眼检测,并计算两眼之间的距离。最后,利用人脸识别算法,将两眼间距离大于 60 像素的人脸图像与数据库内的标准人脸图像进行匹配,从而实现身份验证的功能。

图 7.9 给出了一组实验结果。在图 7.9(a)中,主动相机 Cam-A 正在调整参数 zoom,分辨率较低,故系统只是检测到了人脸,而未检测到人眼。在图 7.9(b)中,系统同时检测到人脸和人眼,但两眼之间的距离小于 60 像素。在图 7.9(c)中,两帧图像均正确检测到人脸和人眼,并且两眼之间的距离均大于 60 像素,系统将这些高分辨率图像进行存储,并可以将其与数据库内的人脸图像进行匹配,从而确定目标的身份。在实验中,主动相机 Cam-A 的参数 zoom 设置为 16。

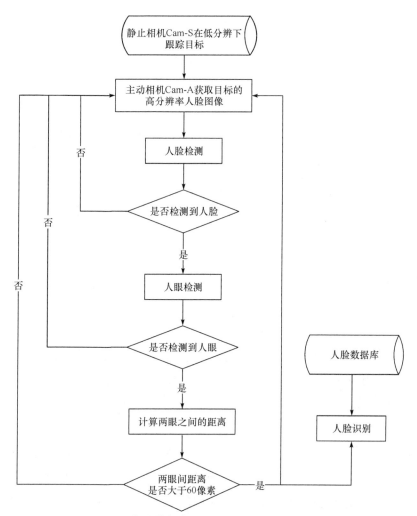

图 7.8　高分辨率人脸跟踪和识别的工作流程图

图 7.9　高分辨率人脸跟踪和识别的实验结果

7.4.5　深度信息辅助的高分辨率图像获取和遮挡目标跟踪

从计算机立体视觉的角度,深度定义为场景中某一空间点到两摄像机基线的距离。深度信息获取的方法主要有两种:一种是基于物理传感器的方法,如超声测距、激光测距等,这些方法的测深精度较高,但其成本也相对较大,并且深度值不能和摄像机采集图像的每个像素对应;另一种是基于经典的立体视觉的方法,即结合摄像机成像原理和计算几何,找到同一目标对应像素在两幅图像中的相对位置关系,进而推断出目标的深度。在视觉监控及其他视觉相关的应用中,一般还是选择基于经典的立体视觉的方法。

针对本章的主动相机智能监控系统,本书引入深度信息的两个应用,即静态目标的高分辨率图像获取和动态目标的遮挡过程跟踪。

1. 静态目标的高分辨率图像获取

在系统实际应用中,人们往往希望获取某一静态目标的高分辨率图像,进而方便场景理解等后续应用。我们可以借助立体校正结果和视差图实现该功能。不失一般性,将两个主动相机表示为 Cam-1 和 Cam-2,设两个相机的当前参数为 (p_1, t_1, z_1) 和 (p_2, t_2, z_2),其对应的观测图像分别为 I_1 和 I_2,并假定通过系统软件界面在 Cam-1 图像 I_1 中确定的静态目标区域为 $\Re$。此时,我们需要估计主动相机 Cam-2 参数 (p_2', t_2', z_2'),使得静态目标区域 $\Re$ 以高分辨率处于 Cam-2 图像 I_2 的中心位置。(p_2', t_2', z_2') 的具体计算过程如下。

① 利用文献[18]提出的算法对两幅图像 I_1 和 I_2 进行立体校正,设校正后的图像分别为 I_{1r} 和 I_{2r}。

② 计算图像 I_1 中静态目标区域 $\Re$ 的中心位置 c_1,并根据立体校正获得的 I_1 和 I_{1r} 像素之间的对应关系,获得 c_1 在图像 I_{1r} 中的对应位置 c_{1r}。

③ 利用动态规划立体匹配算法[19]计算校正后图像 I_{1r} 和 I_{2r} 的视差图,记 d 为 I_{1r} 和 I_{2r} 在点 c_{1r} 的估计视差值,则可得到 c_{1r} 在图像 I_{2r} 中的对应点 $c_{2r} = c_{1r} + [d, 0]^{\mathrm{T}}$。

④ 根据立体校正获得的 I_{2r} 和 I_2 像素之间的对应关系,计算 c_{2r} 在图像 I_2 的对应位置 c_2。

⑤ 此时已经获得了静态目标区域 $\Re$ 中心在 Cam-2 图像 I_2 的对应点 c_2,以及 Cam-2 当前参数 (p_2,t_2,z_2),因此根据 5.4.2 节所述性质 1,可计算 pan 参数 p_2' 和 tilt 参数 t_2'。

对于 zoom 参数 z_2',其一般由静态目标区域 $\Re$ 的大小决定,因此首先离线获取目标区域大小和参数 zoom 的多个对应关系,并以表格的形式存储。然后,根据当前目标区域 $\Re$ 的大小,通过查表的方式得到 zoom 参数的初值 z_0。最后,引入视差可靠度 $r_d\in[0,1]$,r_d 可由目标区域 $\Re$ 中各像素视差估计值的方差确定,方差越小,表明视差估计的越准确,可靠度 r_d 也将越大,最终的 zoom 参数 z_2' 可通过初值 z_0 和可靠度 r_d 共同决定,取 $z_2'=z_0(0.7+0.3r_d)$。也就是说,当视差估计准确度较低时,给定一个较小的 zoom 参数,以保证静态目标区域 $\Re$ 处于 Cam-2 图像 I_2 的可见视场内;否则,给定一个较大的 zoom 参数。

图 7.10 给出了静态目标高分辨率图像获取的一组实验结果。图 7.10(a) 为主动相机 Cam-1 在参数 $(p_1,t_1,z_1)=(90.44,-14.55,4.03)$ 时的观测图像,其中矩形框区域为选定的静态目标。图 7.10(b) 为主动相机 Cam-2 在初始参数时的观测图像,其参数为 $(p_2,t_2,z_2)=(99.14,-15.68,5.11)$。图 7.10(c) 为 Cam-2 利用上述步骤获得的选定区域的高分辨率图像,估计的参数为 $(p_2',t_2',z_2')=(83.84,-10.88,14.33)$。

(a)　　　　　　　　(b)　　　　　　　　(c)

图 7.10　静态目标高分辨率图像获取的实验结果

2. 动态目标的遮挡过程跟踪

相对于颜色等其他特征,深度信息受光照变化影响较小,因此很多学者利用深度信息进行目标的分割和跟踪。Daniel 等[20]利用深度特征代替灰度特征对每个像素建立一个高斯分布的背景模型,用于提取运动目标区域。Darrell 等[21]将深度、颜色,以及人脸识别模块相结合,提出一种复杂环境下多人的跟踪方法。Jojic 等[22]以深度图为特征,利用贝叶斯网络实现关节型目标的跟踪。Fujimura 等[23,24]将深度信息用于人的头部和躯干的跟踪以及手势识别,并通过实验证明深度信息可以解决部分和完全遮挡问题。此外,文献[25],[26]均利用深度信息实现复杂场景中的行人分割与计数,并建立了公开数据集。

从上面的这些工作可以看出,深度信息可以完全作为目标跟踪的特征之一,为此我们将深度信息引入到主动相机监控系统中,并利用深度信息实现遮挡过程中的多目标跟踪。我们通过一个跟踪循环实现该监控应用,即利用上一帧获得的目标跟踪结果作为当前帧的先验,并结合当前帧的视差图和上一帧获得的先验对目标像素进行分类,同时该跟踪结果又将作为下一帧图像的先验。其具体实现过程如下。

① 对两相机的当前同步帧图像,利用文献[18]提出的算法进行立体校正。

② 利用动态规划立体匹配算法[19]计算前景区域的视差图。

③ 从前一帧图像中收集先验知识,如前景区域的目标数目、目标的质心位置等。

④ 利用步骤③获得的先验知识和步骤②获得的视差图对前景区域的每一个像素进行分类,获得多个跟踪目标。

⑤ 计算每一个目标的特征,这些特征将作为后一帧图像的先验。

⑥ 读入下一帧图像,并转步骤①。

图 7.11 给出了一组实验结果。图 7.11(a)为两相机同步帧图像的立体校正结果。图 7.11(b)为前景区域的视差图,图中灰度值越大,视差越小,深度也就越大。图 7.11(c)为遮挡过程中两个目标的跟踪结果,图中两个目标分别用浅色和深色显示。

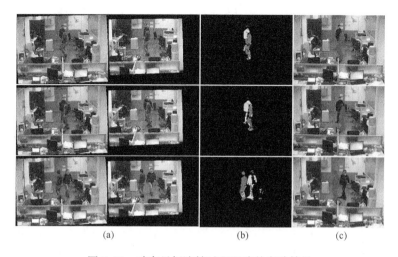

(a)　　　　　　　　　(b)　　　　　　　　(c)

图 7.11　动态目标遮挡过程跟踪的实验结果

本节给出了深度信息的两个简单应用,利用两相机图像的立体校正结果和视差图,实现感兴趣静态目标的高分辨率特征提取;利用目标深度信息的差异,实现遮挡过程中的多个动态目标的跟踪。对于这两个应用,本章分别进行了相应的实验用于验证其可行性,但需要指出的是,上述两个应用均需要立体校正操作,因此两个相机需要具有较大的公共视场。此外,考虑深度信息可能存在估计不准确性的问题,因此如果将深度信息应用到实际系统中,还需要考虑更多的因素,例如对深度信息进行相应的后处理、将深度信息和颜色表观特征相结合[27]等。

7.4.6　大视场下目标的多分辨率主动跟踪

第 5 章提出球面坐标和共面约束两种双目主动相机的协同跟踪算法,两种方法均可实现两相机任意参数的协同跟踪。在实际应用中,当目标即将离开全景监控相机视场时,若全景监控相机能够自动调整自身参数,并使目标继续处于其可见视场内,则可以实现对目标持续的多分辨率视觉关注。本章将其称为目标的多分辨率主动跟踪。

为表述方便,将两相机同样表示为 Cam-1 和 Cam-2,并以 Cam-1 作为全景监控相机进行算法描述。目标多分辨率主动跟踪的方法流程如图 7.12 所示。其中,全景监控相机 Cam-1 采用分段监控的策略,即当目标距离图像边界较远时,相机 Cam-1 保持静止状态,并利用 Mean-shift 方法进行目标的跟踪;在目标接近图像边界时,利用 5.4.2 节所述性质 1 对 Cam-1 参数进行快速调整,并使目标处于图像主点位置(近似为图像中心),同时在图像主点的某一局部区域内通过双向差分运算[28]重新定位目标;参数调整后,相机 Cam-1 重新处于静止状态,继续利用 Mean-shift 方法对目标进行跟踪。

　　高分辨率相机 Cam-2 视场较小,需要在每一时刻进行参数调整,从而保持目标以高分辨率处于图像中心位置。高分辨率相机 Cam-2 可采用第 5 章提出的球面坐标和共面约束两种方法估计自身参数:使用球面坐标方法时,根据每一时刻全景监控相机 Cam-1 参数和目标质心位置,通过 5.2.3 节步骤估计高分辨率相机 Cam-2 参数;使用共面约束方法时,利用 5.4.2 节性质 2 建立两相机之间的坐标关联,并由性质 1 计算高分辨率相机 Cam-2 参数。

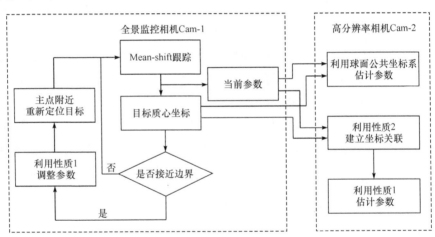

图 7.12　多分辨率主动跟踪的流程图

　　图 7.13 和图 7.14 给出了多分辨率主动跟踪的两组实验结果,对应于两相机分别作为全景监控相机的情况。在图 7.13 中,全景监控相机 Cam-2 参数改变了两次,高分辨率相机 Cam-1 利用球面坐标方法估计自身参数。在图 7.14 中,全景监控相机 Cam-1 参数改变了三次,高分辨率相机 Cam-2 利用共面约束方法计算自身参数。在两组实验中,全景监控相机在每个参数时给出了两帧跟踪结果,高分辨率相机的参数 zoom 均设置为最大值 18。由实验结果可以看出,两个相机可以在大视

场下有效的主动跟踪目标,并获得目标的多分辨率图像。

图 7.13 多分辨率主动跟踪的实验结果(Cam-2 为全景监控相机)

图 7.14 多分辨率主动跟踪的实验结果(Cam-1 为全景监控相机)

图 7.15 以图 7.14 跟踪结果为例,直观解释了方法的实现过程。
图 7.15(a)为全景监控相机 Cam-1 在三个静止阶段的目标运动轨迹,在
每一阶段,当目标即将离开 Cam-1 观测视场时,利用 5.4.2 节性质 1 对

参数 pan 和参数 tilt 进行快速调整,该参数调整过程一般很快,因此参数调整后,可基本保持目标处于图像的中心位置。图 7.15(b) 为利用 5.4.2 节性质 2 建立两相机坐标关联的实验结果,即依次将目标定位到 Cam-1 参数 (p_1', t_1', z_1') 像平面或其延伸平面上,以及 Cam-2 参数 (p_2', t_2', z_2') 像平面或其延伸平面上。(p_1', t_1', z_1') 和 (p_2', t_2', z_2') 的具体取值可参见 5.5.3 节,矩阵 $\boldsymbol{H}_{12}$ 为参考平面诱导的两相机参数为 (p_1', t_1', z_1') 和 (p_2', t_2', z_2') 时的单应性矩阵。最后,在每一时刻高分辨率相机 Cam-2 利用 5.4.2 节性质 1 计算自身参数,从而使目标处于图像中心位置,如图 7.15(c) 所示。

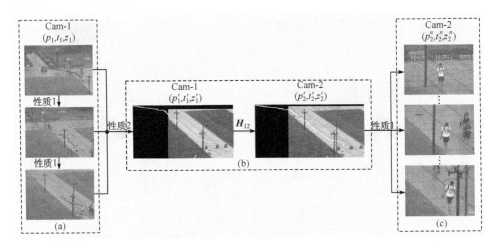

图 7.15　多分辨率主动跟踪实现过程的直观解释

参 考 文 献

[1] Sony Corporation. Sony EVI-D70/D70P Technical Manual[Z]. 2003.

[2] Open CV. Open Source Computer Vision Library[Z]. 2007.

[3] Foote J, Kimber D. FlyCam: practical panoramic video and automatic camera control[C]// International Conference on Multimedia and Expo, 2000: 1419-1422.

[4] 张洋, 李庆忠, 臧风妮. 一种多摄像机全景视频图像快速拼接算法[J]. 光电子·激光, 2012, 23(9): 1821-1826.

[5] Hu W, Huang D. Multi-camera setup-based stitching scheme for generation wide fov video without ghost[J]. International Journal of Innovative Computing, Information and Control, 2009, 5(11): 4075-4088.

［6］苗立刚. 视频监控中的图像拼接与合成算法研究［J］. 仪器仪表学报,2009,30(4):857-861.

［7］Stauffer C,Grimson W. Adaptive background mixture models for real-time tracking［C］// IEEE Computer Society Conference on Computer Vision and Pattern Recognition,1999:246-252.

［8］Brown M,Lowe D. Automatic panoramic image stitching using invariant features［J］. International Journal of Computer Vision,2007,74(1):59-73.

［9］Barr J,Bowyer K,Flynn P,et al. Face recognition from video:a review［J］. International Journal of Pattern Recognition and Artificial Intelligence,2012,26(5):211-268.

［10］Shakhnarovich G,Moghaddam B. Face Recognition in Subspaces［M］. New York:Handbook of Face Recognition,2011.

［11］Everts I,Sebe N,Jones G. Cooperative object tracking with multiple ptz cameras［C］// International Conference on Image Analysis and Processing,2007:323-330.

［12］Liao H,Chen W. A dual-ptz-camera system for visual tracking of a moving target in an open area［C］// International Conference on Advanced Communication Technology, 2009:440-443.

［13］Zhou X,Collins R,Kanade T. A master-slave system to acquire biometric imagery of humans at a distance［C］// ACM SIGMM International Workshop on Video Surveillance,2003:113-120.

［14］Bodor R,Morlok R,Papanikolopoulos N. Dual-camera system for multi-level activity recognition［C］// IEEE/RJS International Conference on Intelligent Robots and Systems,2004:1-8.

［15］Prince S,Elder J,Hou Y,et al. Towards face recognition at a distance［C］// The Institution of Engineering and Technology Conference on Crime and Security,2006:570-575.

［16］Xu Y,Song D. Systems and algorithms for autonomous and scalable crowd surveillance using robotic ptz cameras assisted by a wide-angle camera［J］. Autonomous Robots,2010,29:53-66.

［17］Park U,Choi H,Jain A. Face tracking and recognition at a distance:a coaxial & concentric ptz camera system［J］. IEEE Transactions on Information Forensics and Security,2013,8(10):1665-1677.

［18］Wan D,Zhou J. A spherical rectification for dual-ptz camera system［C］// IEEE International Conference on Acoustics,Speech and Signal Processing,2007:777-780.

［19］Scharstein D,Szeliski R. A taxonomy and evaluation of dense two-frame stereo correspondence algorithms［J］. International Journal of Computer Vision,2002,47(1):7-42.

［20］Daniel B,Martin H. Head tracking using stereo［J］. Machine Vision Application,2002,13(3):164-173.

[21] Darrell T, Gordon G, Harville M, et al. Integrated person tracking using stereo, color and pattern detection[J]. International Journal of Computer Vision, 2000, 37(2): 175-185.

[22] Jojic N, Turk M, Huang T. Tracking self-occulding articulated objects in dense disparity maps[C]// International Conference on Computer Vision, 1999: 123-130.

[23] Liu X, Fujimura K. Hand gesture recognition using depth data[C]// IEEE International Conference on Antomatic Face and Gesture Recognition, 2004: 529-534.

[24] Nanda H, Fujimura K. Visual tracking using depth data[C]// IEEE Computer Society Conference on Computer Vision and Pattern Recognition Workshops, 2004: 1-8.

[25] Mittal A, Davis L. M2tracker: a multi-view approach to segmenting and tracking people in a cluttered scene using region-based stereo[C]// European Conference on Computer Vision, 2002: 18-36.

[26] Kelly P, Connor N, Smeaton A. A framework for evaluating stereo-based pedestrian detection techniques[J]. IEEE Transactions on Circuits and Systems for Video Technology, 2008, 18(8): 1163-1167.

[27] Munoz-Salinas R, Aguirre E, Garcia M. A multiple object tracking approach that combines color and depth information using a confidence measure[J]. Pattern Recognition Letters, 2008, 29: 1504-1514.

[28] Dubuisson M, Jain A. Contour extraction of moving objects in complex outdoor scenes[J]. International Journal of Computer Vision, 1995, 14(1): 83-105.